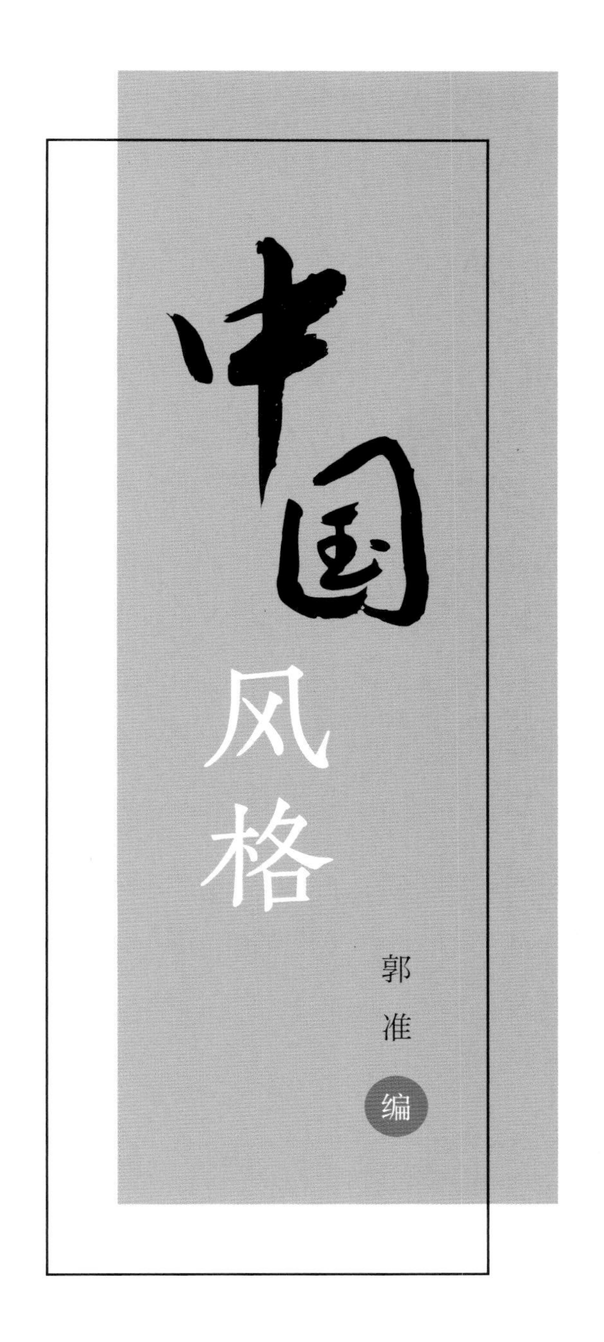

辽宁科学技术出版社
·沈阳·

【目录】

索引

第四章 ◎ 哲之思

第三章 ◎ 艺之精

【前 言】

美人之美，在骨不在皮；中式之美，重在精髓而不浮于表。

今天中国的室内设计发展，已然是多元共生和有容乃大的美学基调。在欧美强势文化的影响下，我们一边在吸收，也一边在思考，如何确保本土文化在世界上的身份和地位，发扬传统的中国风？如何确保我国传统文化的传承与创新？这是当代设计界无法回避的一个问题。

多数设计师一直试图在自己的实践中回应自己的传统文化，并没有错，这是文化的自觉。也许是因为功力不够，大部分的探索都符号化、表象化；也许是因为过于追求表面视觉的形式、刺激，导致室内物质空间与人的精神空间相背离，这种形态是我们应该思考的。

在设计中，复制传统的符号是最简单易行的回应传统的方法，但在我看来，这是赤裸裸的抄袭行为。我们应该深入去了解中国文化，用当下的表现手法去创造出符合我们时代精神的空间，才是正道。

“礼失求诸野”，中国的文化不仅仅存在于浩如烟海的典籍和宫殿庙宇中，更存在于乡野之间，中国大地上诸多的民间艺人在默默传承着我们的文化。所以，我们其实并不缺乏优秀的民间工艺，但我们缺乏强有力为其精彩呐喊的声音。在如今到来的民间工艺复兴浪潮中，设计师不仅可以通过自己的实践传播精彩的民间工艺品，还可以与民间艺人一起合作，共同创造出饱含东方精神的生活方式，这样，中国真正的文化自信自然而然地就建立起来了。对设计而言，中国风也形成了。

《中国风格》这本书用四个章节陈述了文之意、画之美、艺之精、哲之思的中式设计理念，展现了中国风与现代设计奇妙而融洽的碰撞，希望给大家以借鉴。

第一章 ◎文之意

中国文字是历史上最古老的文字之一，已经有数千年的历史。而用精炼的文字、严格的韵律、充沛的感情写成的诗词，更是中华文化中灿烂的一笔。本章选取的作品都以中国诗文为灵感来源，将优美的诗词解构成有形的符号融入设计中，用有形的设计元素表达无穷的意向。

设计的形与意

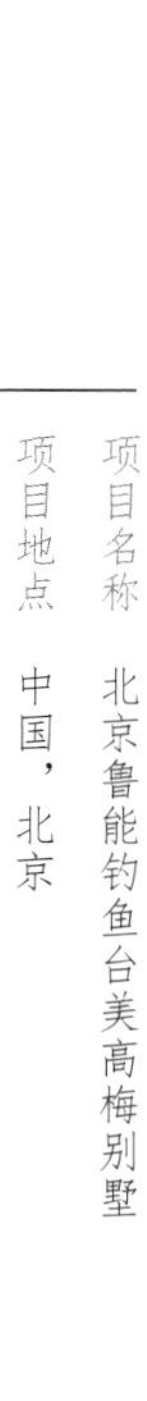

项目名称　北京鲁能钓鱼台美高梅别墅
项目地点　中国，北京
设计公司　LSDCASA
主创设计　葛亚曦
竣工时间　2016年
项目面积　660平方米
摄影师　阿光、张静

◎ 灵感来源

在中国古代诗歌中，“意象”是个绕不开的词。对“象”赋予“意”，将一个个的意象按照美的规律，组成有机的、有时空距离的、有层次的画面，使其连贯、对比、烘托或共振，以展示场景、以传达感情。实际上，设计也是如此。只不过，设计“诗”的“象”，成了可被解读的符号、元素、物件、规律，即我们所说的“形”，通过形的组合，去表达思考、哲学或情感。

◎ 设计说明

本案坐镇北京三环中轴，天坛正南，项目规划效法紫禁城，园林灵感还原乾隆花园——设计师解读它的形，是传统、是中式、是“皇味十足”；解读它的意，是礼序、是尊重、是不世俗。以形写意也好，以意达境也好，最首要的任务，是在做好传承的同时，对话时代。

“谈笑有鸿儒，往来无白丁”——会客

步入客厅，莫里加的《夜溪》就将摄取你的心魄。他笔下的山峦，气象万千，延展出无穷无尽的意象。一深一浅两张长沙发，与地毯的跳脱形成对比。一组小叶紫檀南官帽椅，价值非凡却又内敛沉静，所谓“大音希声”也许正是如此。

一旁的偏厅，罗汉榻、三才碗、玉制盆器等浓重传统元素加入岁寒三友松、竹、梅的点缀，还原魏晋文人待客、清谈之场景，缎面的纹路、挂画的古朴色彩与窗帘地毯的用色相得益彰。

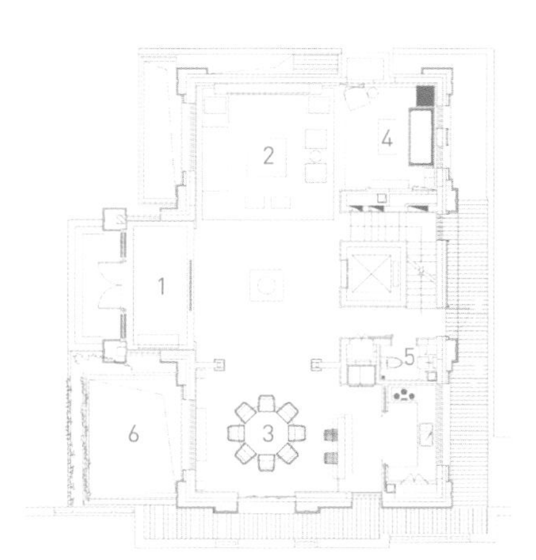

一层平面图

1. 玄关
2. 大客厅
3. 餐厅
4. 偏厅
5. 卫生间
6. 下沉庭院上空

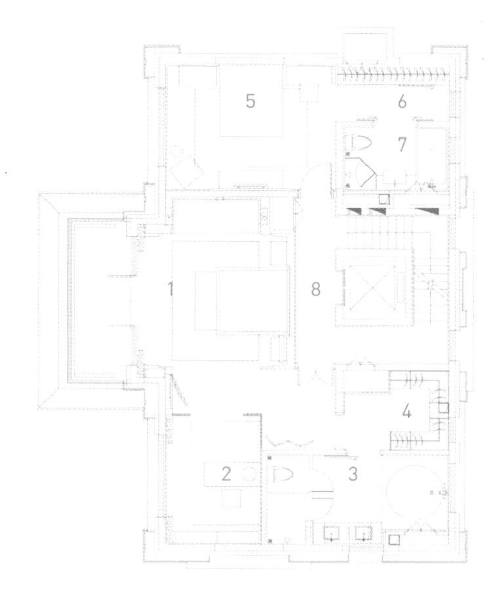

二层平面图

1. 主卧
2. 主卧书房
3. 主卫
4. 主衣帽间
5. 老人房
6. 老人房衣帽间
7. 老人房卫生间
8. 走廊

餐厅沿着客厅的中轴对称，享受同样的奢侈尺度。值得一提的是，餐椅椅背的手工刺绣，来自苏州绣娘一针一线织就而成。用金线、丝线两种线按纹样外缘逐步向内铺扎盘出龙图案，层层叠叠地铺就。餐厅吊灯来自法国品牌，暖色的灯光透过青铜与水晶质面，映衬在描金漆餐具之上，粼粼微光，营造出大气、贵重的氛围。

顺着楼梯循级而下，6米长的云石吊灯光影如泻，石屏上幻化的肌理，犹如一幅幅精美山水画。顺着山水的纹路，透出朦朦胧胧的光如数千年的文化长河，倾泻于底下的一组太湖石之上。

位于楼梯底部的休闲区，专属于别墅的男主人，地毯仿若一幅巨大的山水画，为整个空间的态度定调，金属环形吊灯，与金属圆几相映成趣。作为社交空间，这里更私藏了他游历四方遇见的珍贵记忆。

明代吴从先在《赏心乐事》一文中谈到理想中的书房——“斋欲深，槛欲曲，树欲疏……榻上欲有烟云气……万卷尽生欢喜，嫏嬛仙洞，不足羡矣。”设计师将这一切搬到了现实中。

打通负二、负三层，移为书房，一面挑高6.5米的书墙，可藏书6000余本，是书香门第世代相传的智慧。案上设有笔墨纸砚，安放主人随性而起的诗意，更以香炉焚香净气，为书案萦绕烟云。以竹柏作陪，架上藏纳古物雅玩。案前放置四樽石墩，其材料为木化石，是上亿年的树木被迅速埋葬地下后，木质部分被改变而形成的遗世孤品。保留树木的纹理和形态，略加打磨，大小不一却更见情致。放置于古朴的地毯之上，仿佛从中生长出来一般。

“寒夜客来茶当酒，竹炉汤沸火初红”——禅茶

以茶待客，乃古代人情交际的礼节，它为友人之间带来一种清幽隽永的意境，更被视为风雅之事。故此，负一层设禅茶室，供长日清谈、寒宵兀坐。

这里还原了苏轼闲居蜀山时的茶室，正对院竹，“茅屋一间，修竹数竿，小石一块，可以烹茶，可以留客也。”茶室仅设二席，远可观竹，近可对诗，是为“一盏清茗酬知音”。

“可以调素琴，阅金经”——香道琴房

斋中抚琴，也是文人的一种雅好。负一层的香道琴房，是抚琴、冥思的安静所在。古人视琴如格，有十善、十诫、五不弹，如于尘市不弹、对俗子不弹、不衣冠不弹等，对环境及自身的要求都极高，或地清境绝，或雅室焚香。故此，香道琴房设雅席、设香炉，以诗词入画，透着纱质窗帘，院中芭蕉隐隐点缀，正应了“芭蕉叶下雨弹琴”的闲适意境。

“和而不同，各得其所”——居室

大面积的金箔画与静气内敛的深色系为主卧渲染基调，铜器的光泽穿插点缀，透过镂空的木质屏风，漏下了点点滴滴的夕阳余晖，映照在浓绿的枝叶，将卧室书写出了庭院的意趣。

“推半窗明月，卧一榻清风”。自汉末以来，文人雅士必备一榻，以竹榻、石榻、木榻来表示自己的清高和定性，主卧一侧的罗汉榻，用以安放闲适的身心，展经史、阅书画，或倚坐抚琴，或睡卧闻香，案上搁放的珐琅古物与雅玩，更增添几分风雅妙趣。

所谓秋敛冬藏，客房用深灰的沉稳静默，搭配墨绿的淡泊质朴，整个居室的秉性就在这样的基调中游走。金属质感的摆件，呼应青铜吊灯，在古朴的淡泊中透着一丝岁月沉淀的美感。

三楼是孩子们秘密的游乐园，以阴阳分布的男左女右，安置了男孩房、女孩房。男孩房追求时尚的跳脱，以黑与白作为主色调，穿插在空间的大展示面与细节中。线条随意抽象交织的地毯，铺就整个空间活泼生动的气氛。女孩房以优雅的灰色搭配恬静的紫色，金属的质感在边几与吊灯之间遥相呼应。豆沙绿与白纱组合的窗帘，在微风下细细撩动，能否装下谁的一帘幽梦？

居有竹

项目名称　深圳金众·云山栖别墅样板房
项目地点　中国，深圳
设计公司　HCD柏年设计
主创设计　苏文、伍钟勇、高洁梅、李开意、陈小灵
竣工时间　2015年
项目面积　500平方米
摄影师　彦铭
主要材料　土耳其银灰洞、欧亚木纹、木地板、木饰面、墙纸、扪布、镜面不锈钢、乳胶漆、超白玻璃

◎ 灵感来源

“可使食无肉，不可居无竹。无肉令人瘦，无竹令人俗。人瘦尚可肥，士俗不可医。”

——苏轼《于潜僧绿筠轩》

一直以来，中国人对居住环境都有相当高雅的品位，故有“可使食无肉，不可居无竹”之谈。在古今人居环境中，“竹”作为一种设计语言，有着非常重要的意义。清雅淡泊，是为谦谦君子。常以神恣仙态、潇洒自然、素雅宁静之美，令人心驰神往；以虚而有节、疏疏淡淡，不慕荣华、不争艳丽、不媚不谄的品格，与古代贤哲“非淡泊无以明志，非宁静无以致远”的情操相契合。

ALEXA HAMPTON
ALEXA HAMPTON
DECORATING IN DETAIL
LANDSCAPE INFRASTRUCTURE

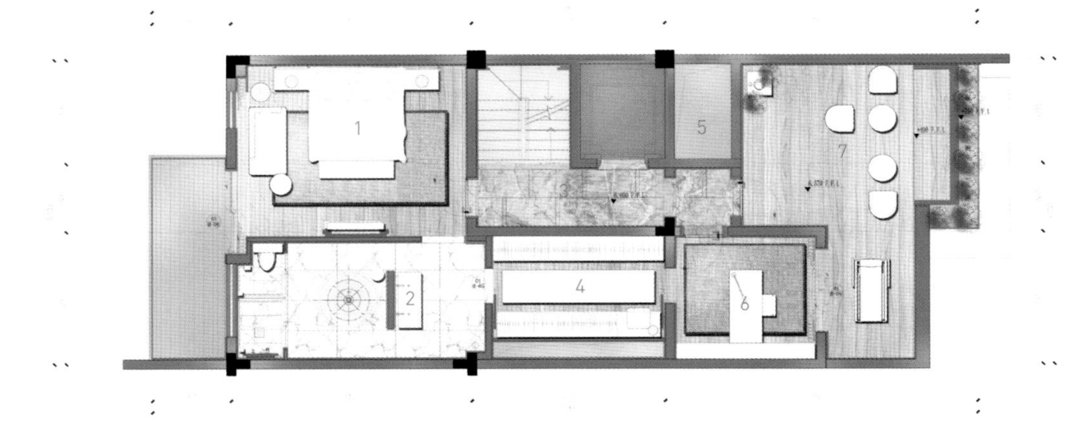

三层平面图

1. 主卧室
2. 卫生间
3. 过道
4. 衣帽间
5. 天井
6. 书房
7. 休闲区

二层平面图

1. 客厅中空
2. 过道
3. 电梯
4. 天井
5. 卫生间
6. 休息区
7. 卧室

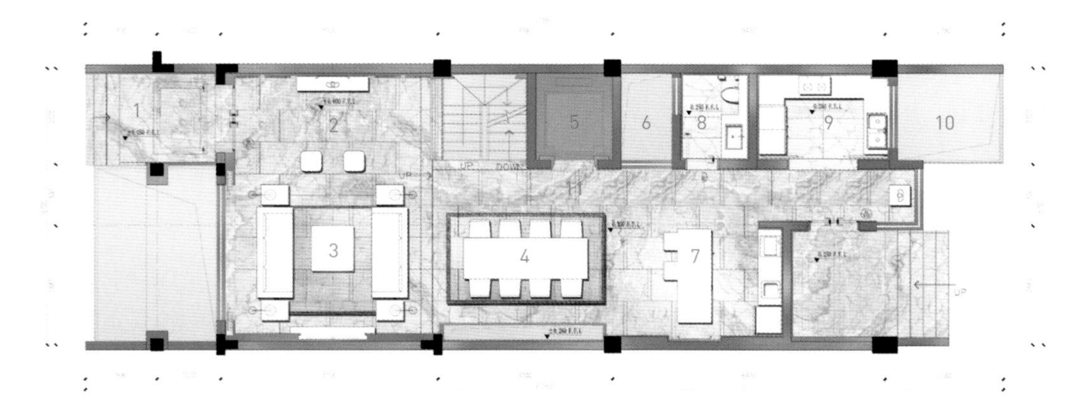

一层平面图

1. 入户
2. 玄关
3. 会客厅
4. 餐厅
5. 电梯
6. 天井
7. 西厨
8. 卫生间
9. 厨房
10. 采光通风井
11. 过道

◎ 设计说明

本案采用现代的设计语言来表达东方的意境。**隐去传统中式繁复沉重的设计表现，用减法来表达东方元素**。简单的语言阐述东方意境，希望能给现代人一种静谧的生活空间，在尘嚣中觅一方净土。简居简行，希望能给现代人一种更舒适的生活环境，一种新的尝试。

“脉脉花疏天淡，云来去、数枝雪。”东方美学的意境在此空间演绎的至善至美，浅浅的木色，淡淡的绿色，形态优美的梅花，无时无刻不在描绘主人对清雅脱俗品位的追求。

卧室床头的木架来源于屏风的演变，删繁就简，符合现代人的简洁观念。木架和床的结合犹如自然天成。“天边树若荠，江畔洲如月。”床头一幅蓝白相间的山水画道尽主人淡泊明志般的心境。淡雅的背景中跳跃着明丽的色彩，优雅中透着几许活力。黑与白的泼墨晕染了整个空间的文化。夹杂在书香中而来的是淡淡的梅香，浅疏斜影中，透露出主人怡然自得的心境。

细腻的线条藏于细节之中，简洁的栏栅屏风，由竹的形态延伸而至，减去具象的形态，点到即止。客厅与餐厅高低错落，既明确了空间界限，也体现东方意境疏浅高低的空间布局。人物动线清晰简单，无多余的拐弯抹角，围绕简居简行的中心，是现代人居环境一种新的尝试。“群山涧壑自生来，撷取天灵紫气开。质洁馨纯芳净雅，清芬一世落尘埃。”墙上挂画中的仕女服与天然木制桌面上的插花相映成趣。花与禅，总有一种不解之缘，与花相伴，品性怡然。饮茶对瓶中花，禅意油然而生。

东方诗意的栖居美学

项目名称 融创长滩壹号餐茶会所
项目地点 中国，成都
设计公司 重庆默存室内设计咨询有限公司
主创设计 季青涛、洪梅
竣工时间 2016年
项目面积 600平方米
主要材料 原木、乳胶漆、石材

◎ 灵感来源

“好雨知时节，当春乃发生，随风潜入夜，润物细无声。”这是当年诗圣杜甫描写成都的美景，那么主观地表达当事人对这座城的偏爱。的确，成都就是如此迷人，本案的故事正是在这如此美妙的地方打开序幕。

◎ 设计说明

20世纪初，建筑先驱们提出了“少即是多”的生活美学，如今依然盛行，只不过有不同的诠释。之于本案，设计师巧妙地将这种诗意栖居的美学移植到会所空间中，将东方的“静”与西方的“净”加以结合，赋简约的精致以静谧的情绪，在多与少、黑与白之间，演绎着不同的人生哲学。

会所内的空间架构上深谙东方之气韵，于平淡中有惊喜，于回归中有人性温暖。设计师试图为使用者提供一处宁静、舒适的体验场所，让人安静地融于这自然中。大面积木作、水墨画的清渺，古灯的空灵，梅花的清雅，一系列中式元素恰如其分，使得这方空间瞬间有了底蕴，也有了意境，于简约之中散发出浓烈的中国禅意情怀。

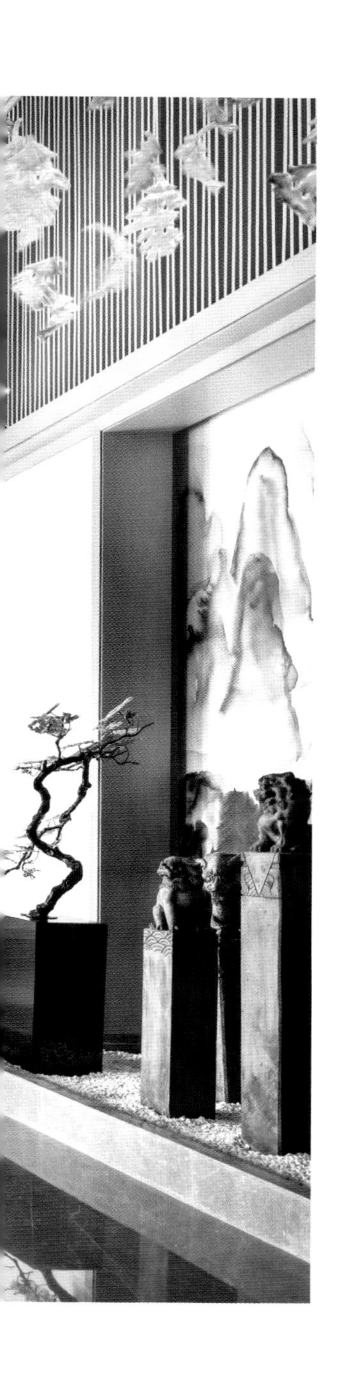

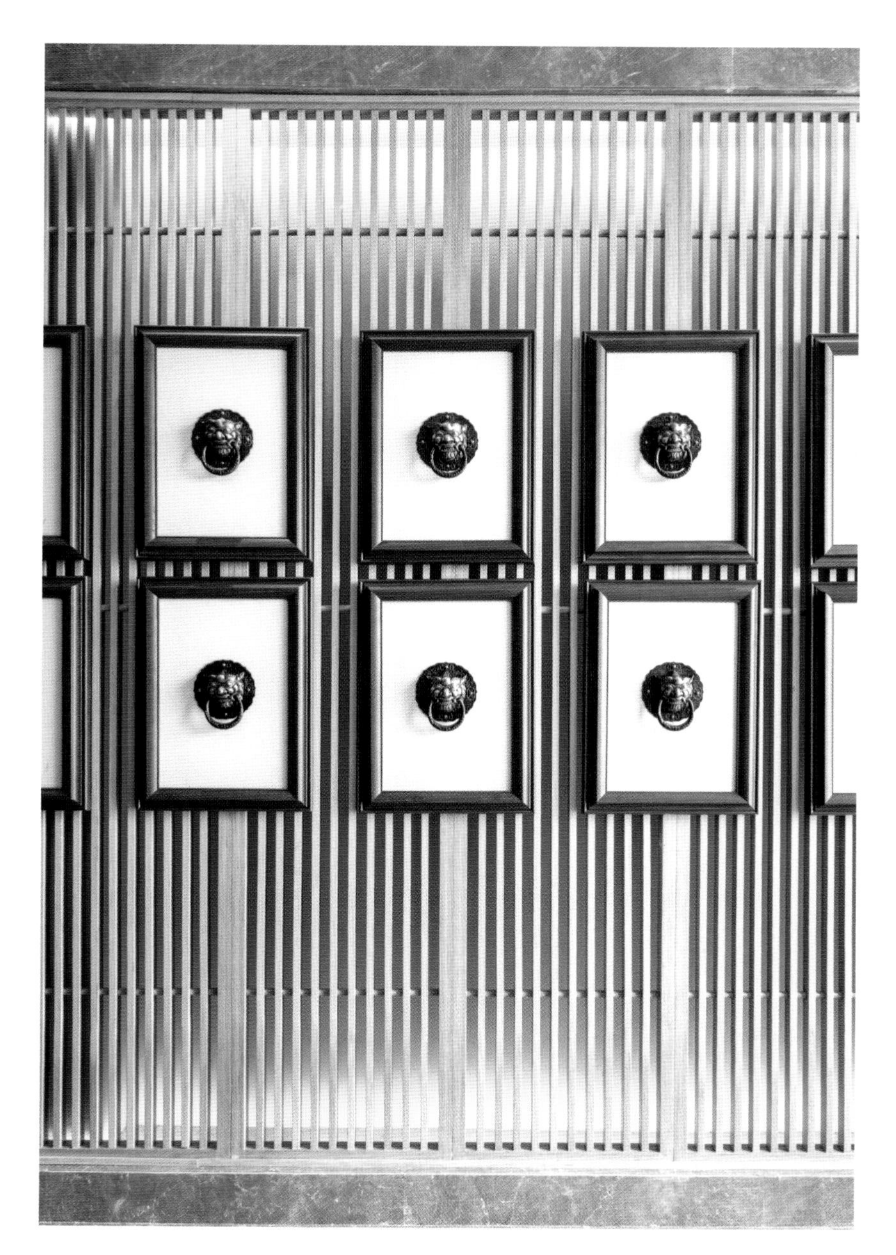

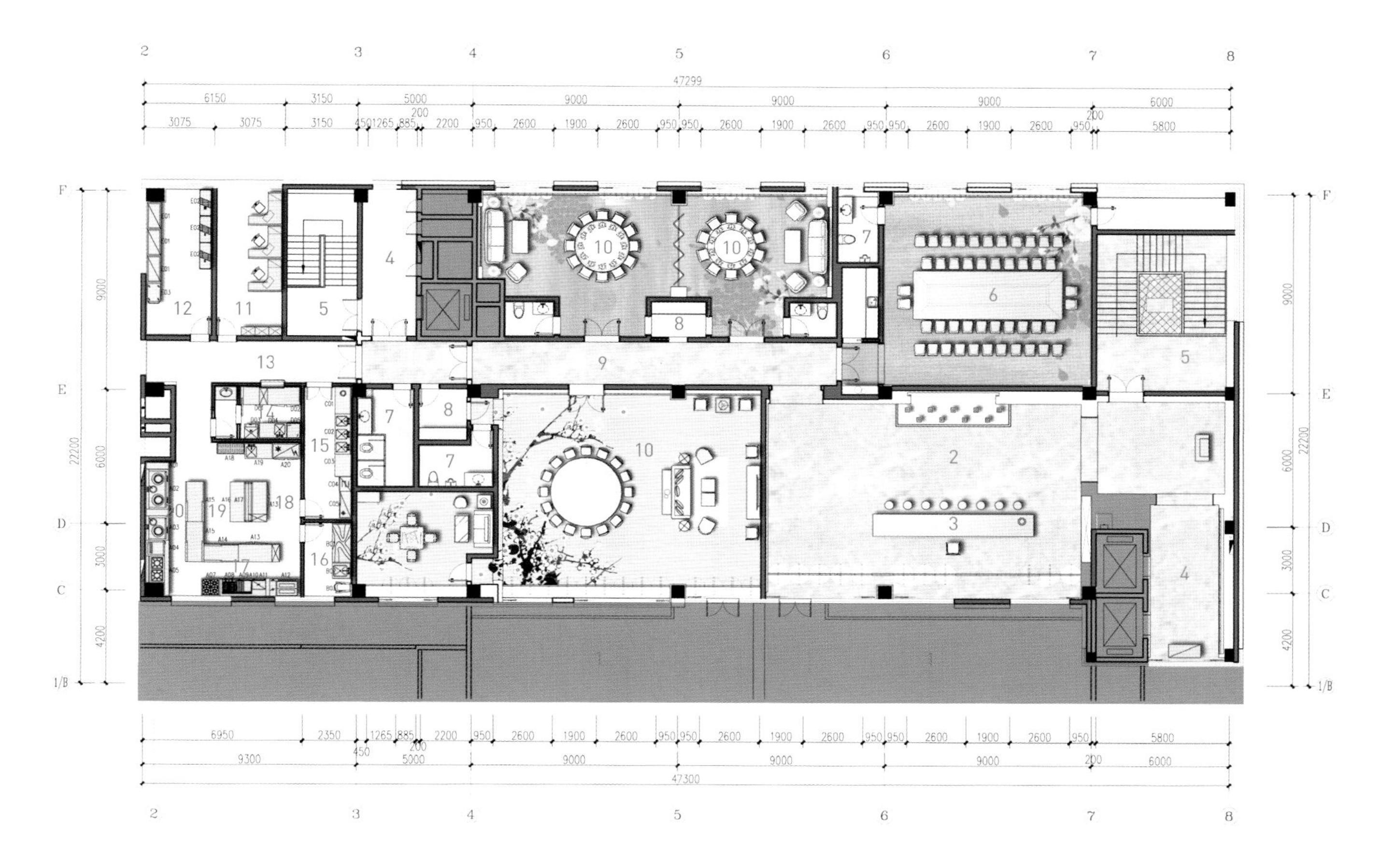

平面图

1. 室外花园
2. 大堂
3. 茶台
4. 电梯厅
5. 楼梯间
6. 会议室
7. 卫生间
8. 备餐间
9. 过道
10. 包间
11. 办公室
12. 库房
13. 厨房
14. 凉菜间
15. 洗碗间
16. 面点房间
17. 面餐烹饪区
18. 切配区
19. 打荷区
20. 热厨区

为迎合人居环境低碳环保的理念，本案中严格控制材料的种类，原木、乳胶漆的重复使用，带入老树、马头墙、花窗、梅花等传统印象，以温婉柔情，映射左右；回廊村落，峰回路转，烘托出一派“心静、人舒”的惬意。

生活有许多美妙的细节，同样物件放在不同的位置给人的感受有天壤之别，比如本案入口处的铺首，原本是门饰，作为镇宅的避邪物，通常出现在大户门上。而在本案中，用画框裱之，成序列出现，如同可爱的小宠物般诙谐，妙趣横生，同时提醒客人进入一个全新的空间。

空间不会说话，但是它的一物一景都在与你互动，当半眯着眼环望四周，你会惊喜地发现，似乎也有一双眼睛，见证人们的来来往往。本案大厅，就是这样一个空间。“春来到，天空飘絮，花窗微折。竹影婆娑，三五知己，铁壶沸茗，曲水流觞。”墙体一幅浓淡适宜的水墨长卷，不自觉地就将人带入画里的世界，阳光透过木格条纹的空隙穿透进来，借景话室，漏而可望。光影琉璃，亦古亦今，沏一杯清茶，等风来，等故人归。

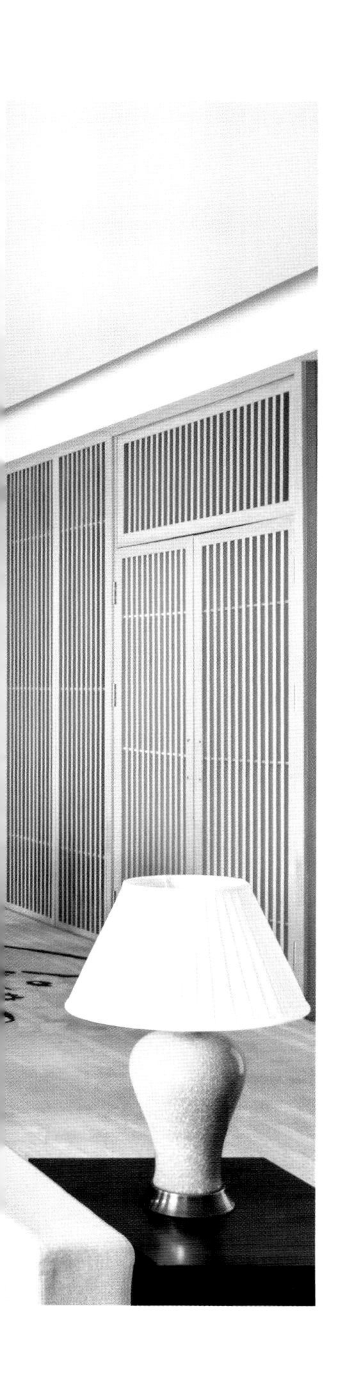

『陋室』生香

项目名称　成都喜善堂
项目地点　中国，成都
设计公司　徐宜庆高端设计机构
主创设计　徐宜庆
参与设计　陆誉夫、沈祺、曾超
竣工时间　2015年
项目面积　800平方米
摄影师　徐宜庆
主要材料　老榆木家具、青砖、酸洗面石材、环保乳胶漆

◎ 灵感来源

山不在高，有仙则名。水不在深，有龙则灵。斯是陋室，惟吾德馨。苔痕上阶绿，草色入帘青。谈笑有鸿儒，往来无白丁。可以调素琴，阅金经。无丝竹之乱耳，无案牍之劳形。南阳诸葛庐，西蜀子云亭。孔子云：“何陋之有？”

——刘禹锡《陋室铭》

这首《陋室铭》在中国的诗词中有着重要的地位，它表达了作者想要传达的道理：虽然身居陋室，物质匮乏，但只要主人品德高尚、生活充实，那就会满屋生香。

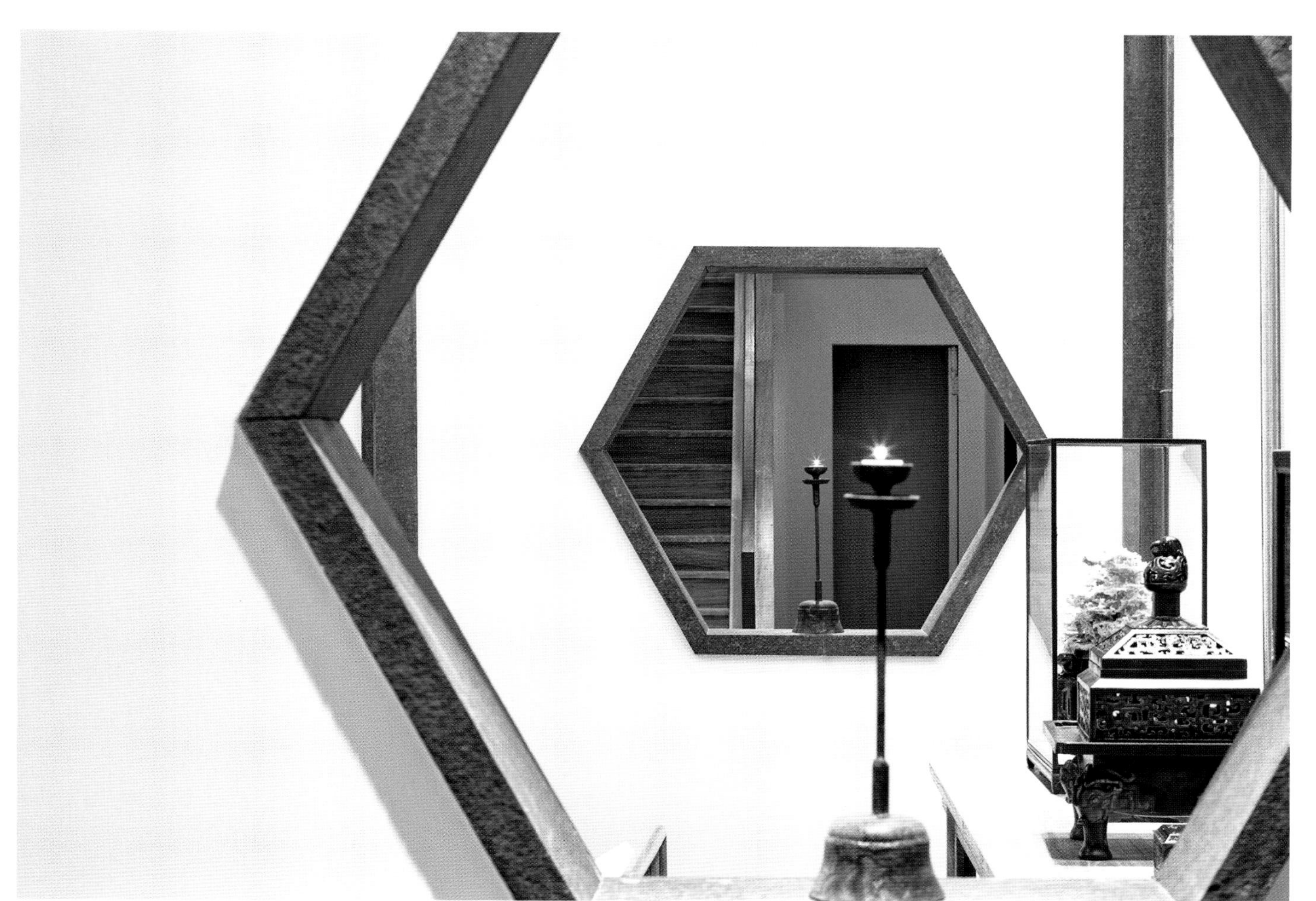

◎ 设计说明

本案是一家中式生活体验馆。在这里，顾客可以通过各种方式体验中国传统文化。艾灸：传统养生文化的传承；茶道：弘扬“国饮”——茶道文化，品茶知味，品茶知人生；画廊：通过对字画的鉴赏收藏，陶冶性情；古琴：高山流水，抚琴觅知音。在这里能体会到“净化自我，感化他人”的祥和。“无丝竹之乱耳，无案牍之劳形。”用这样的诗句也许最能体会这样的心境。苏州园林式的装修风格，处处是书画、琴棋。

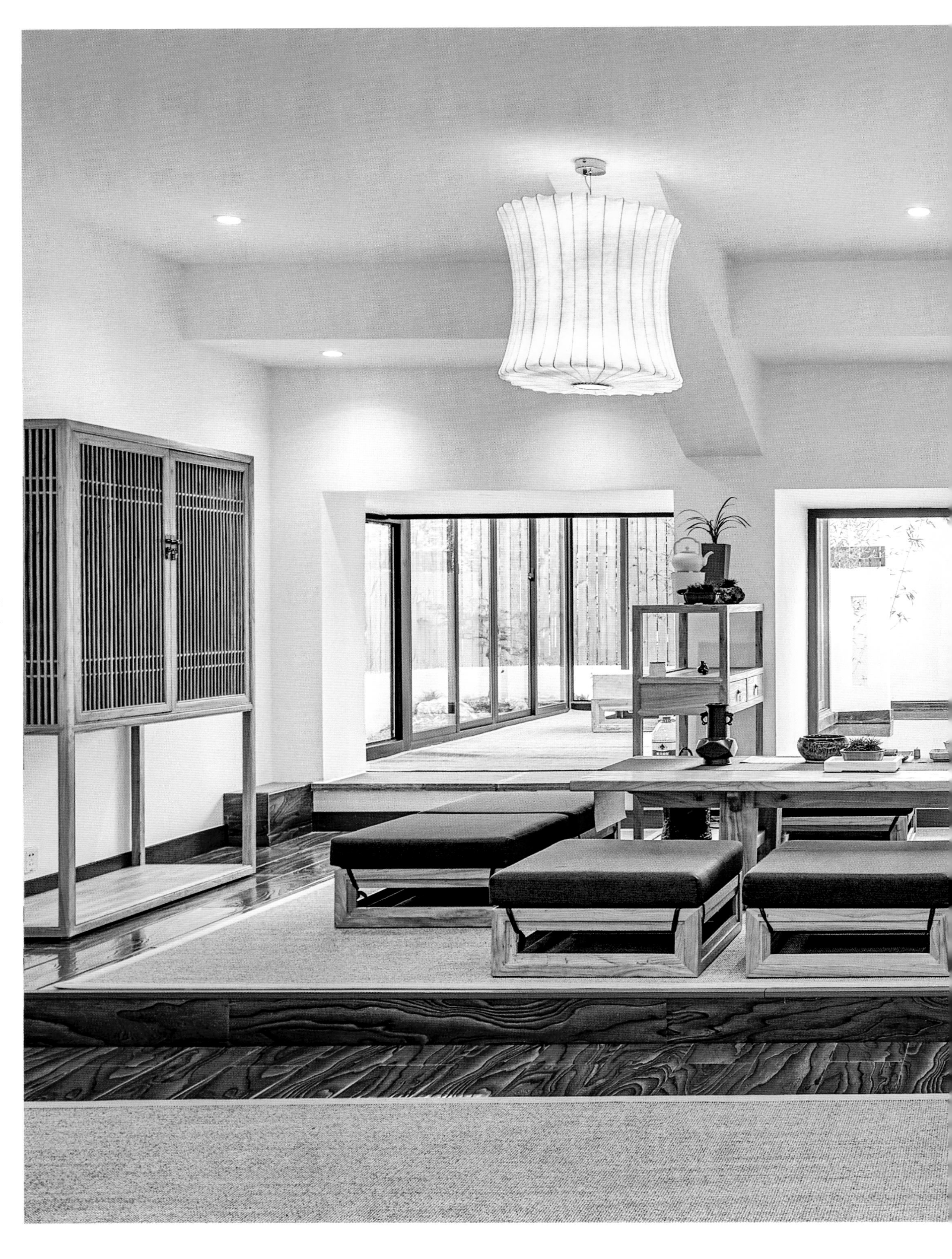

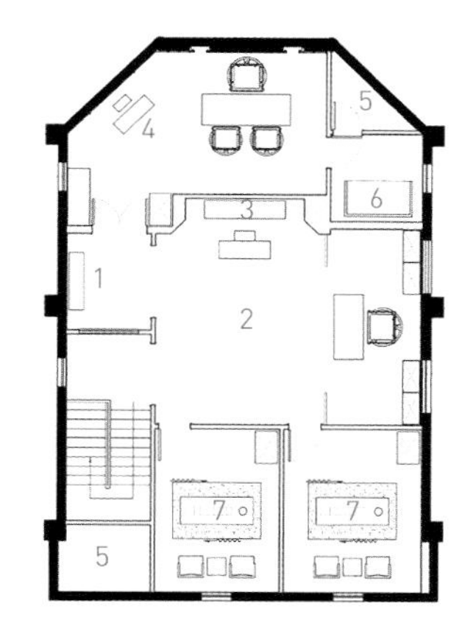

三层平面图

1. 玄关
2. 雅集活动区
3. 供奉台
4. 总经理室
5. 收纳间
6. 休息室
7. 艾灸室
8. 储藏间

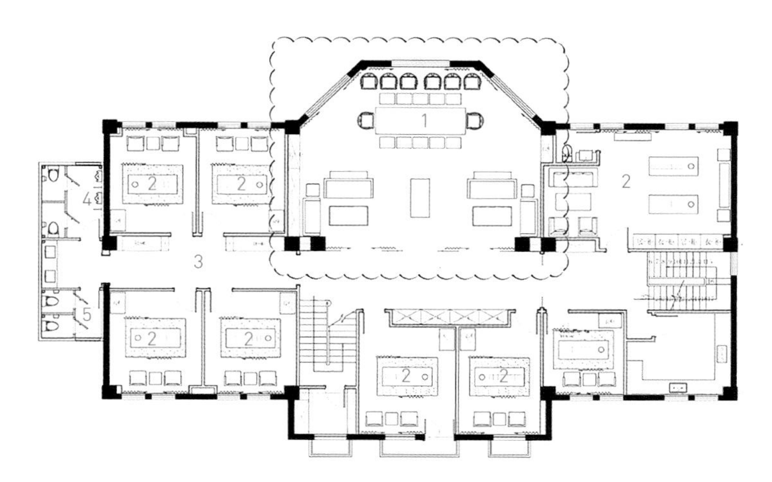

二层平面图

1. 会议室
2. 艾灸室
3. 过道
4. 男卫
5. 女卫

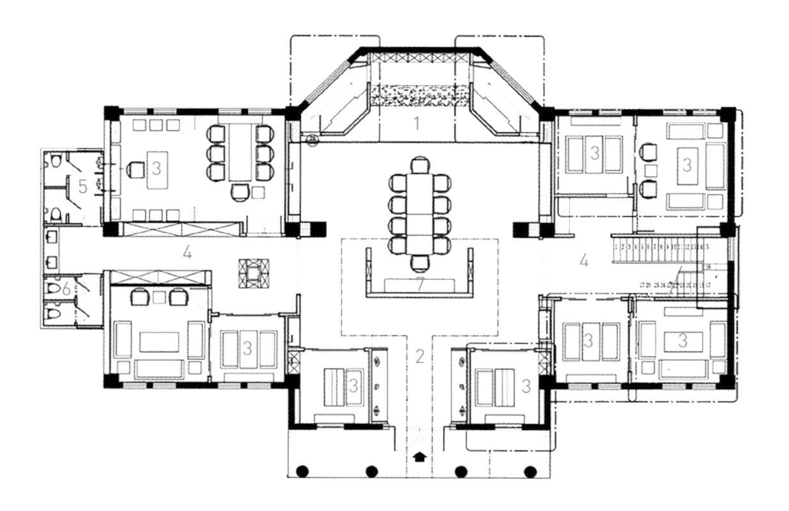

一层平面图

1. 前台
2. 门厅
3. 茶室
4. 过道
5. 男卫
6. 女卫
7. 精品展示区

这里原本是一幢欧式建筑，如今摇身一变，成了别具气质的中式院落。在四周一派欧风别墅和高层映衬下，尤为惹眼。这里分为三层，一层是茶室雅集，二层为艾灸，三层则是屋顶花园。**每层的起承转合流畅合理，选材造景巧妙自然**，最大的亮点是三楼的大露台，巧妙地开发利用，作为雅集高端人士的禅意花园。

一层的茶室色调淡雅，以灰白为主，搭配原木色的家具。二层艾灸室的主色调采用了中国红，火热浓烈，搭配淡蓝色，使空间的色彩更有层次感。**整体风格简约洗练控制得当，细节之处却又移步换景丰盛耐看。**

室内的陈设与新中式的环境相得益彰，苏州的太湖石，陈巧生的铜炉，日本的铜壶，台湾的茶器，精美的串珠，清雅的兰草和菖蒲小品……文人雅士喜好的清供雅玩，应有尽有。

当代东方新人文生活

项目名称 北京远洋天著平墅
项目地点 中国，北京
设计公司 LSDCASA
主创设计 葛亚曦
竣工时间 2016年
项目面积 362平方米
摄影师 王厅

◎ 灵感来源

“筌者所以在鱼，得鱼而忘筌；蹄者所以在兔，得兔而忘蹄；言者所以在意，得意而忘言。”

——《庄子·外物》

庄子用生动的比喻表达了“得意忘言”的哲学观点——了解了事物的本“意”后忘记其具体的表达方式。无论是哲学思想也好，生活也好，能得意忘言，关注事情的本质，才能达到“言有尽而意无穷”的境界。在空间设计中也是如此，大处见刚，细部现柔，不着一笔而尽得风流正是此中真义。

◎ 设计说明

本案位于北京五环，六朝古都的文化沉淀，流淌在它的血液当中，而国际都会的灯光亦点亮它的窗台，它必然是东方的，但它也要有现代的生活感受。**设计师在此处对东方文化的表达，选择通过挖掘传统中良善的、符合当今普世价值的信仰、精神，用他们的技艺转化为当下的形式，以精神、文化层面的认同来对切“东方”**。因此，在整个空间中，没有任何显著的东方符号堆砌，却自始至终浸透着东方特有的禅思静谧。

日光半斜，为整个空间洒下静谧。丝质的纯色地毯，铺满空间的氛围，长沙发舒适地安放在中央，背后陈列着一家人乐于展示的心爱之物，每当有客来访，如数家珍的故事桩桩件件，友好的客厅瞬间弥漫文化气息。

茶几造型别致，一半由大理石的自然肌理构成水墨意象，一半由工整的线条写就现代工业风貌。正契合设计师对这个空间的理解和出发点。落地灯自后排书架斜出，融入落地窗景，远远望去，好似北国的树枝，生动了整个客厅的层次。

客厅一侧开敞的餐厨空间，首先映入眼帘的，是手绘韵彩落地屏风，对映暖色系的胡桃木餐桌餐椅，使用餐空间更加独立。来自意大利品牌的太阳系行星瓷盘，纯铜餐扣搭配黑色棉麻餐巾，好似长夜月明，又似遥遥呼应了古代中国圆窗的意境。

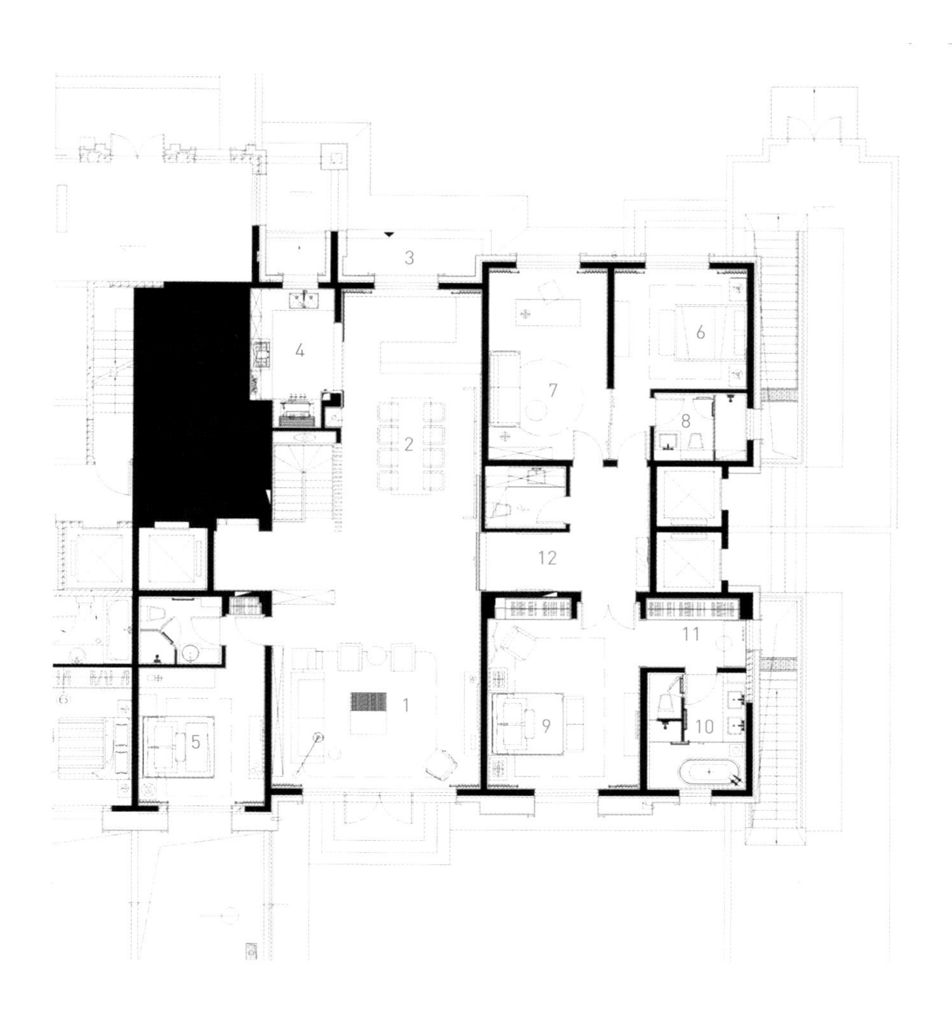

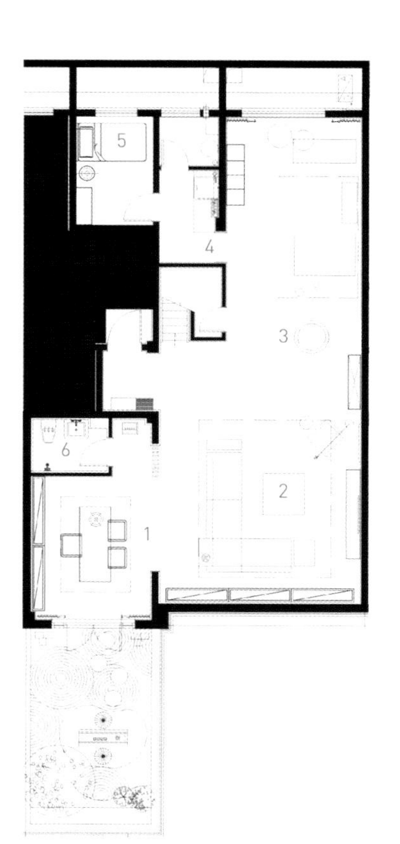

▲ **一层平面图**

1. 客厅
2. 餐厅
3. 西厨
4. 中厨
5. 老人房
6. 男孩房
7. 男孩书房
8. 男孩卫生间
9. 主卧
10. 主卫
11. 化妆间
12. 过道

◀ **负一层平面图**

1. 研艺室
2. 活动室
3. 健身房
4. 洗衣房
5. 佣人房
6. 客卫

暮色将近，走过画廊式的过道，进入到主卧。点亮铜质台灯，暖色的灯光均匀地洒在丝质的床品上，柔和地泛着光。装饰柜上端放着太太摆弄的花艺和从香港淘回来的茶具。

过道的另外一头就是男孩房，明快的蓝色、亮黄奠定了空间的主色调，他的活泼开朗在此已展露无遗。艺术几何分割的挂画，与地毯相互呼应。

在古代，插花、挂画、点茶、燃香被统称为“生活四艺”，而在这里，只是女主人释放艺术热爱的方式。研艺室交接着下层庭院，庭院里种着一棵桑果树，树下是木质做成的茶桌，原生态藤编的禅修垫，仿佛能在这里按下时间的暂停键，偷得半日浮闲。

第二章 ◎画之美

中国画是中国传统造型艺术之一，在世界美术领域中自成体系。按照题材主要分为人物、花鸟、山水这几类，表现了中国人对自然与社会的认知，也表现了中国人的审美情趣和由艺术升华的哲学思考。本章的作品都以中国画为灵感来源，在设计中，画不仅是作为室内的装饰，也是整个空间的主题。

夜宴

项目名称　万科城夜宴餐厅
项目地点　中国，深圳
设计公司　深圳希遇装饰设计有限公司
主创设计　富振辉
竣工时间　2016年
项目面积　450平方米
摄影师　阿陈
主要材料　仿天然石瓷砖、马赛克、铁艺油漆、橡木板饰面、绒布、麻布、皮革

◎ 灵感来源

《韩熙载夜宴图》是中国画史上的名作，以连环长卷的方式描摹了南唐巨宦韩熙载家开宴行乐的场景。分为五段:悉听琵琶、击鼓观舞、更衣暂歇、清吹合奏、曲终人散。本案以《韩熙载夜宴图》为故事背景，让就餐的消费者，在吃饭的过程中有一种穿越式的体验感，达到依依惜别的留恋感。

◎ 设计说明

本案的客户是一位资深的餐饮行业人物，对餐饮行业有着多年的经验积累，并有独到的观点和见解。业主想设计一家主题餐厅，并提出了很多新的要求，对设计师来说有很大的挑战。餐厅的面积不大，约450平方米，分上下两层，顶层斜屋面，层高较高。餐厅位于生活区路边，外观像一栋别墅小洋房，总体分析后，设计师觉得餐厅的主题定位应该走贵族平民化的路线，即装修贵族化，消费平民化。

设计师以五代十国时南唐画家顾闳中的作品《韩熙载夜宴图》的故事内容为主线，与现场环境相融合，让体验者按画中五个章节分别在餐厅的5个区域进行逐一体验，如：餐厅进门为“听弹琵琶”，顺路走到楼梯处为“集体观舞”，上二楼中间位是“暂坐休息”，进入靠窗处的连包房为“各自赏乐”，最后客人离去便为“依依惜别”，让来的客人有一种入画的穿越感。

整个设计风格以汉唐宋时期艳丽轻奢的华贵风格为主，注重画面的色彩搭配及布局的工整性。前厅自助区架子及楼梯栏杆隔断造型均从《夜宴》画面中卧榻桌椅造型中提取元素，色彩分春夏秋冬的基本色，灰蓝、灰绿、米黄、米白均从《韩熙载夜宴图》的人物服饰中提取元素，让整个空间色调更具画面感。并将国画、书法及国学知识一并融合到餐厅里，特别之处是一、二层各两幅画，共四幅人文山水画均是设计师本人亲自画出并挂在现场，让人们在品尝美食过程中还能独领中国传统文化。

隔断墙上的书架，古董架及酒架，紫砂壶架除了起到分区功能营造相对隐私效果，更重要的是，让人们从内心深处产生一种思古情怀，达到真正穿越的体验感，而整墙的手绘画及楼梯间的透光丝画，更是直接把《夜宴》的画作绘到墙上，产生直接的视觉冲击，仿佛让人置身画中。

二层平面图

1. 入口
2. 过道
3. 露台
4. 厨房
5. 传菜口
6. 传菜通道
7. 粗加工间
8. 监控室

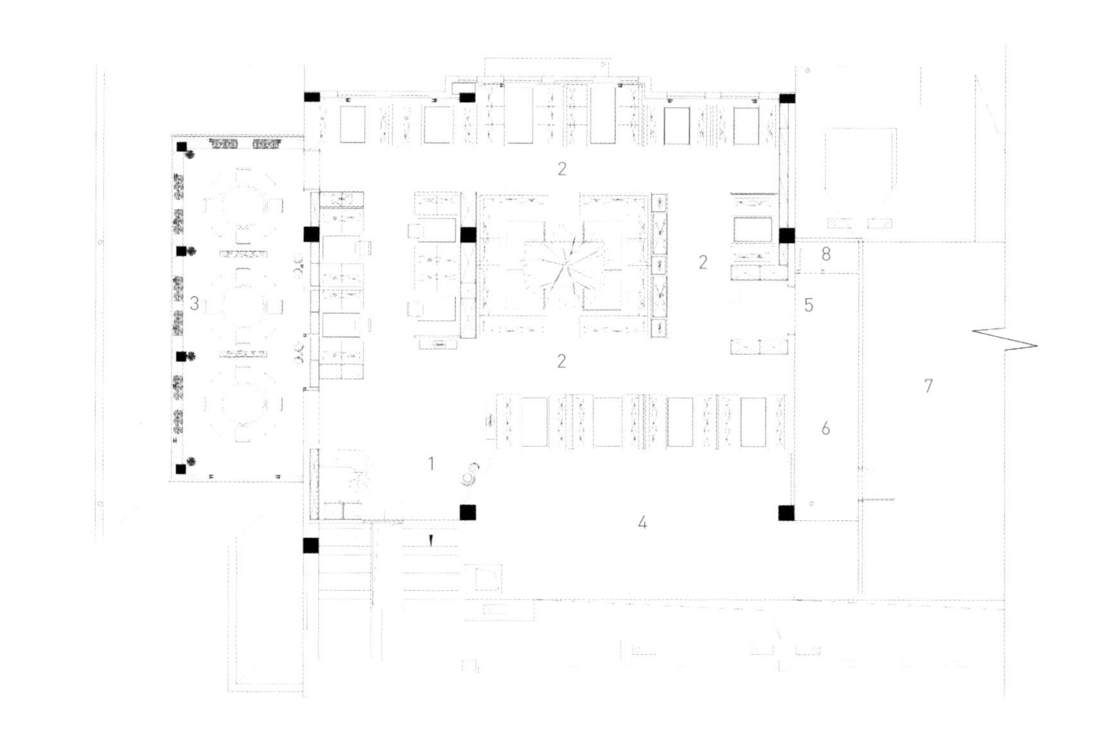

一层平面图

1. 等候区
2. 过道
3. 大厅
4. 自助水果饮料区
5. 娱乐区
6. 男卫
7. 杂物间

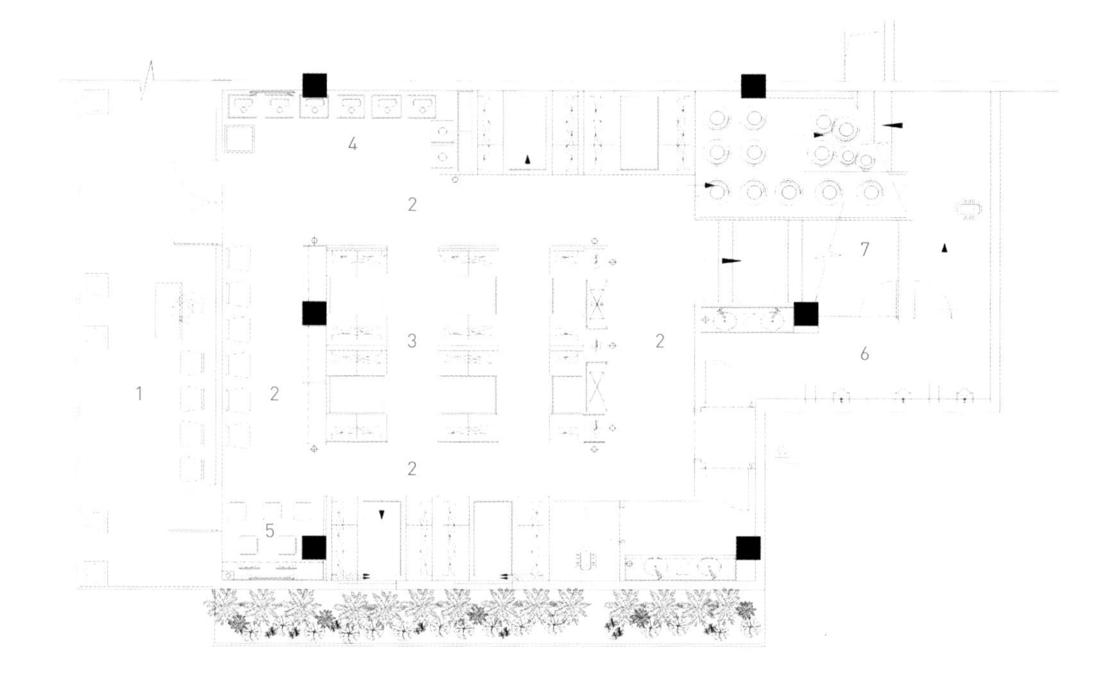

花鸟情

项目名称　融侨外滩
项目地点　中国，福州
设计公司　福建品川装饰设计工程有限公司
主创设计　林新闻
参与设计　何心磊
竣工时间　2015年
项目面积　260平方米
主要材料　大理石、橡木饰面、拉丝钛金

◎ 灵感来源

在中国画中，凡以花卉、花鸟、鱼虫等为描绘对象的画，称之为花鸟画。中国花鸟画的立意，往往关乎人事，它不是为了描花绘鸟而描花绘鸟，不是照抄自然，而是紧紧抓住动植物与人们生活遭际、思想情感的某种联系而给以强化的表现，本案中沙发背景墙上的花鸟图就是这样一个点睛之笔。

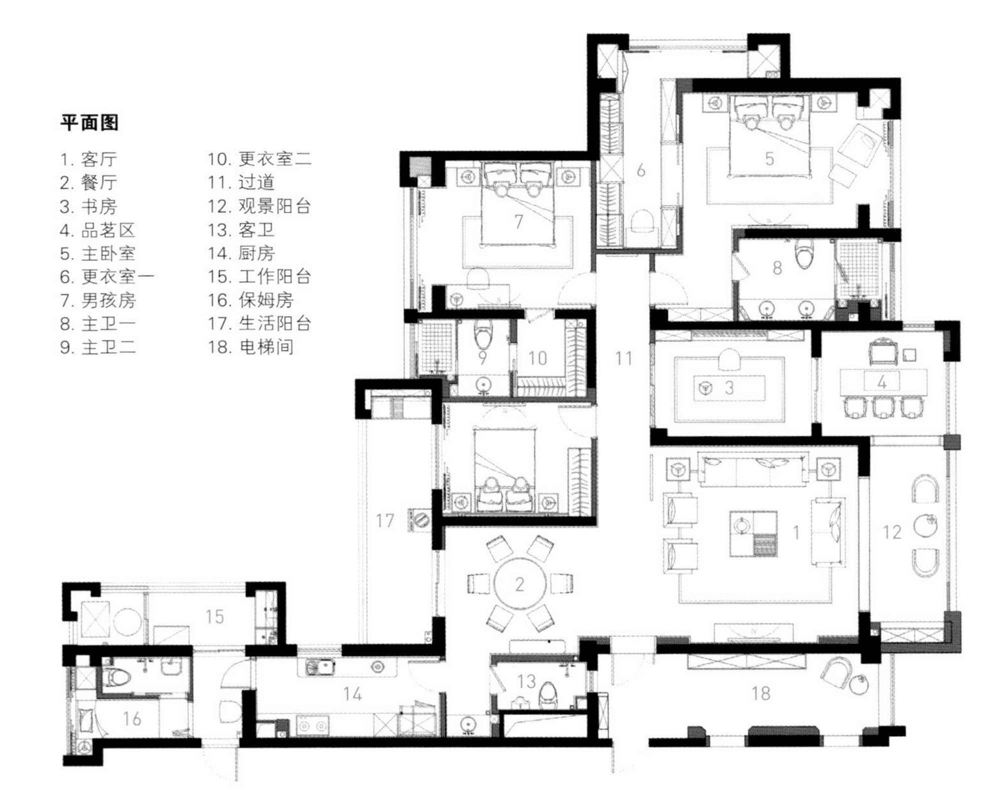
平面图
1. 客厅
2. 餐厅
3. 书房
4. 品茗区
5. 主卧室
6. 更衣室一
7. 男孩房
8. 主卫一
9. 主卫二
10. 更衣室二
11. 过道
12. 观景阳台
13. 客卫
14. 厨房
15. 工作阳台
16. 保姆房
17. 生活阳台
18. 电梯间

◎ 设计说明

空间就像一个安静的舞台，每一个元素都相互配合着，在这个舞台上表演一出关于空间本身的戏剧，带给置身其中的人不一样的视觉体验和情感感受。

客厅所上演的，是一出关于包容的剧目。**中式风格的设计可大气，亦可婉约，本案运用利落的线条和整洁的块面，在中式的沉稳里面又添加了几分干练。**大理石、木栅栏的运用让这个空间显得通透，带来一种大隐隐于市的淡泊安然。而细节处的花纹布置，也给了这个空间恰到好处的温度。整块大理石的电视背景墙上，苍劲的纹理不断昭示着自己的力量，以让人无法忽视的姿态在这个空间里面独占一方。**与之隔案相对的沙发背景墙却是一片清新婉转的花鸟图。同一个空间里面被置入了两个不一样的世界，却可以彼此包容，形成耐人寻味的风景。**

落地窗前稍稍转角就是一间安静的茶室，既不受打扰，也不会独自封闭，小小的一方空间即可以安放得起一天的宁静。

餐厅隔着一条小小的过道和客厅相望，客厅边上的木栅栏将光影切割成许多的碎片，被光滑的大理石墙面一反射，过道便如梦似幻。餐厅采用圆桌，圆形的桌子呼应着天花板上圆形的吊顶，再加上一盏中式的吊灯，中和了所有暗色搭配带来的沉重感。

卧室采用的主要色调是浅棕色以及灰色，饱和度较低的色彩搭配让人的身心都得以放松。没有太多的装饰，连多余的花纹都不曾出现，一切都归于简单，让人安心。没有强烈的灯光，当夜幕降临的时候，卧室便成为睡梦最好的归所。

统一色调的大理石铺贴让空间显得整洁，而大面镜子反射着这小小空间里面的所有光影，使得卫生间晶莹剔透。

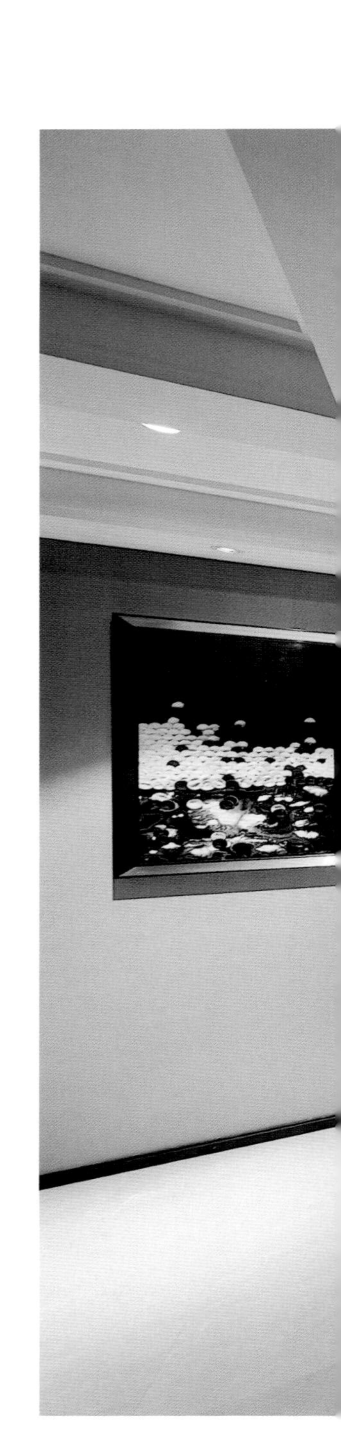

书房是最需要安静的地方，于是在设计中除了书柜书桌外，并没有其他多余的装点。木栅栏从书桌后面开始，连接到天花板上，通过线条的拉伸，让这个空间减少了拘束感。靠近茶室的一侧采用玻璃隔断，向茶室的落地窗借一些自然光。

写意山水

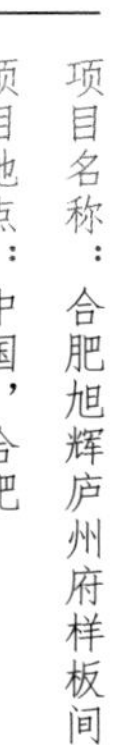
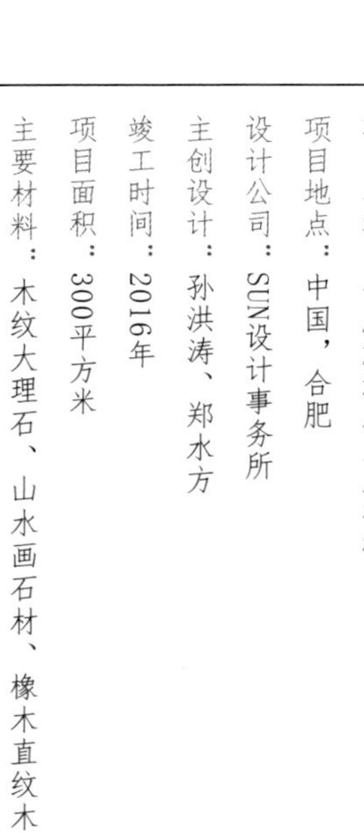

项目名称：合肥旭辉庐州府样板间

项目地点：中国，合肥

设计公司：SUN设计事务所

主创设计：孙洪涛、郑水方

竣工时间：2016年

项目面积：300平方米

主要材料：木纹大理石、山水画石材、橡木直纹木饰面、古铜、皮革硬包等

◎ **灵感来源**

写意山水画如同大自然本身一样，追求的是一种简洁的笔法描绘和肆意的情谊抒发。所谓“所见即所得”，在设计当中，回归本源并不是对自然风的直接搬运，而是探寻如何在有限的空间里抒发无限的创意情怀。此次设计中，设计师有意将传统的写意山水画运用到空间设计当中，以及结合现代中国人的生活习性，创造出符合现代生活情境之内的家居新体验。

◎ 设计说明

在软装设计领域，“中国风”的定义有很多种，这不单单是中国传统文化底蕴的丰富，还包括每个人对于中国元素的不同喜爱和理解。有些人喜欢中国风式的艺术形式，有些人则偏向于中国风式的生活方式。当然，对于设计师们来说，艺术与生活的最高融合和运用，才是设计回归于艺术本源的最佳姿势。**在本案的设计中，“写意山水”不仅仅是一个主题，而是设计师本身对于中国风的又一种表达和理解。**

纵观整个软装设计效果，尽显山水魅力，一山一水，连绵不绝，在体现传统中式含蓄秀美的设计精髓之外，又置身于现代、简约和秀逸的创意空间之中，这样的家居设计，不得不使人达到一种灵与净的唯美境界，进而迸发出更多的可能性联想。

空间的整体视觉效果以灰白色调为主，配合部分暗红色饰品的点缀，既古风古韵，又不失典雅。**黑、白、灰三色的清爽利落，给人一种大气般的沉稳，而结合诗意般的山水，又在空气中弥漫出清新、畅快的自由感觉。**

在中国风的家居设计理念中，设计师们往往既追求怀旧情怀的寄托，又情不自禁地抒发自己对于品位的掌控。而艺术品作为中式家居设计理念里不可缺少的细节部分，也就不免成了整个设计里最具有点睛意义的环节。**简单的细节抓取，但在主人的眼里，却既领略到了大自然中的山川、河流、树木、远景，也对美景本身产生了一种诗意性的欣赏。**

在餐厅和厨房部分，设计师打破了传统中国的封闭式厨房概念，通过引入西式的敞开式厨房设计方式，去增加厨房与餐厅之间的视觉和实用空间。在以往的中式建筑中，厨房往往是最被忽略和轻视的部分，但在此次设计中，设计师则有意将对厨房、餐厅的规划，用于表达居室主人对于生活品质和设计感的时代性追求。这种改变，除了是美学的彰显，更多则是对人文主义的一种关怀。

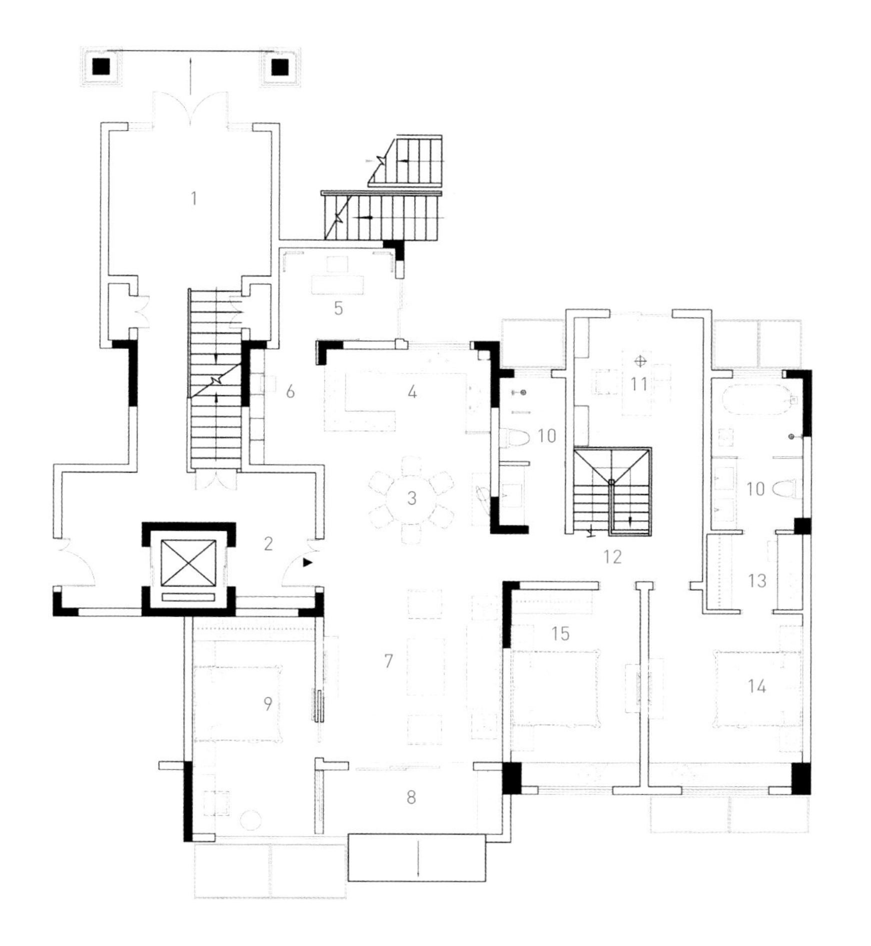

一层平面图

1. 入户大堂
2. 电梯厅
3. 餐厅
4. 厨房
5. 茶室
6. 茶具展示
7. 客厅
8. 阳台
9. 老人房
10. 卫生间
11. 书房
12. 过道
13. 更衣室
14. 主卧
15. 小孩房

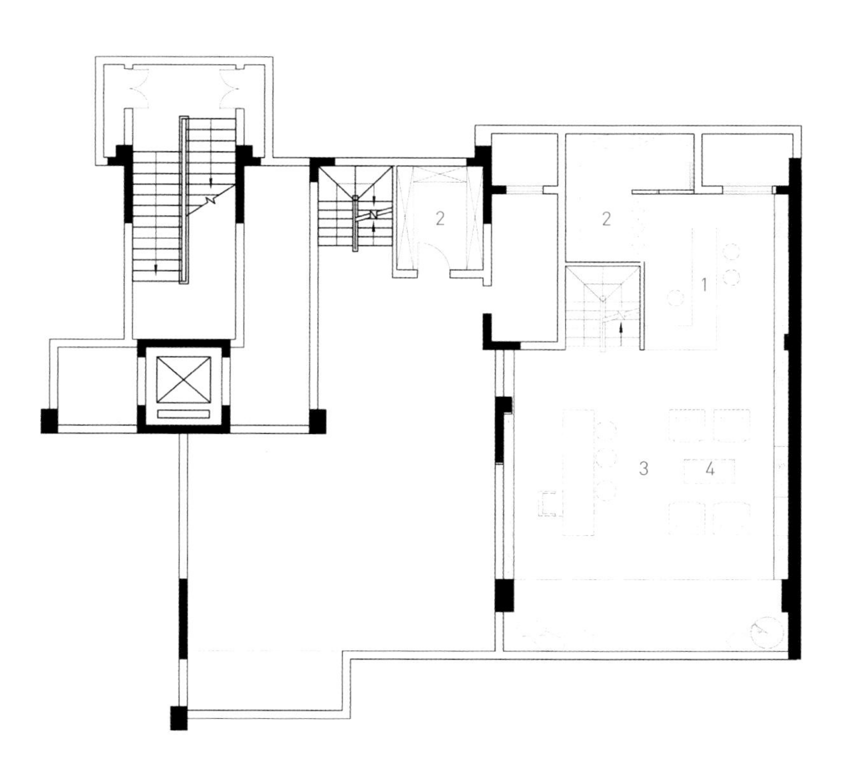

负一层平面图

1. 吧台
2. 酒窖
3. 亲子活动区
4. 会客区

茶室的设计初衷，就如同西式设计中少不得书房一样。中国人对于品茶的喜好度也完全不逊于西方人对于咖啡的喜爱。在中国人的观念里，品茶则意味着有志同道合的人与之交谈，而茶室的设计，则更多是对知识和艺术的追逐体现。

走进卧室，少了几分古式的沉稳，多了几分中式的明朗。不论是写意山水的床头背景，还是若隐若现的台灯，还有那古典高雅的床品选择，都不自觉地为空间增添几分韵味。**设计师更是独具匠心，利用羽毛制作的白鹤仙居，结合枯山静水，松枝绿柏，将松鹤延年的寓意赠送给房子主人。**

精湛的设计，雅韵的陈设，慢慢地把人引入到了地下室的活动空间，这里可以有主人珍爱的藏品，也可以有家人孩子一起捏造的一些手工陶艺品，或小酌一杯，或谈笑风生，或结伴阅读，或亲子互动，或各自品味，也许这便是中国人所谓的天伦之乐。

水墨中式，出色生活

项目名称 海南华凯·南燕湾海崖别墅F户型
项目地点 中国，万宁
设计公司 高文安设计公司
主创设计 高文安
竣工时间 2017年
项目面积 252平方米

◎ **灵感来源**

水墨画是中国画的一种表现形式。一般指用水和墨所作之画。由墨色的焦、浓、重、淡、清产生丰富的变化，表现物象，有独到的艺术效果，在我国传统绘画领域有着重要的历史地位和艺术地位。在室内空间中，运用得当，可以营造出清新淡雅的意境。本案在玄关和客厅等处运用了水墨画作为点缀，意境悠远。

◎ 设计说明

本案让设计回归服务生活的初衷，少点套路，多点生活气息。设计的出色，是生活得出色，打造有温度、有态度、有风度、有情感、有感悟的度假居所。

入户门在别墅二层，简雅的玄关，中式的水墨风情中加入了一点禅味因素，儒家意满乾坤的雅，屏蔽外界的仆仆风尘。

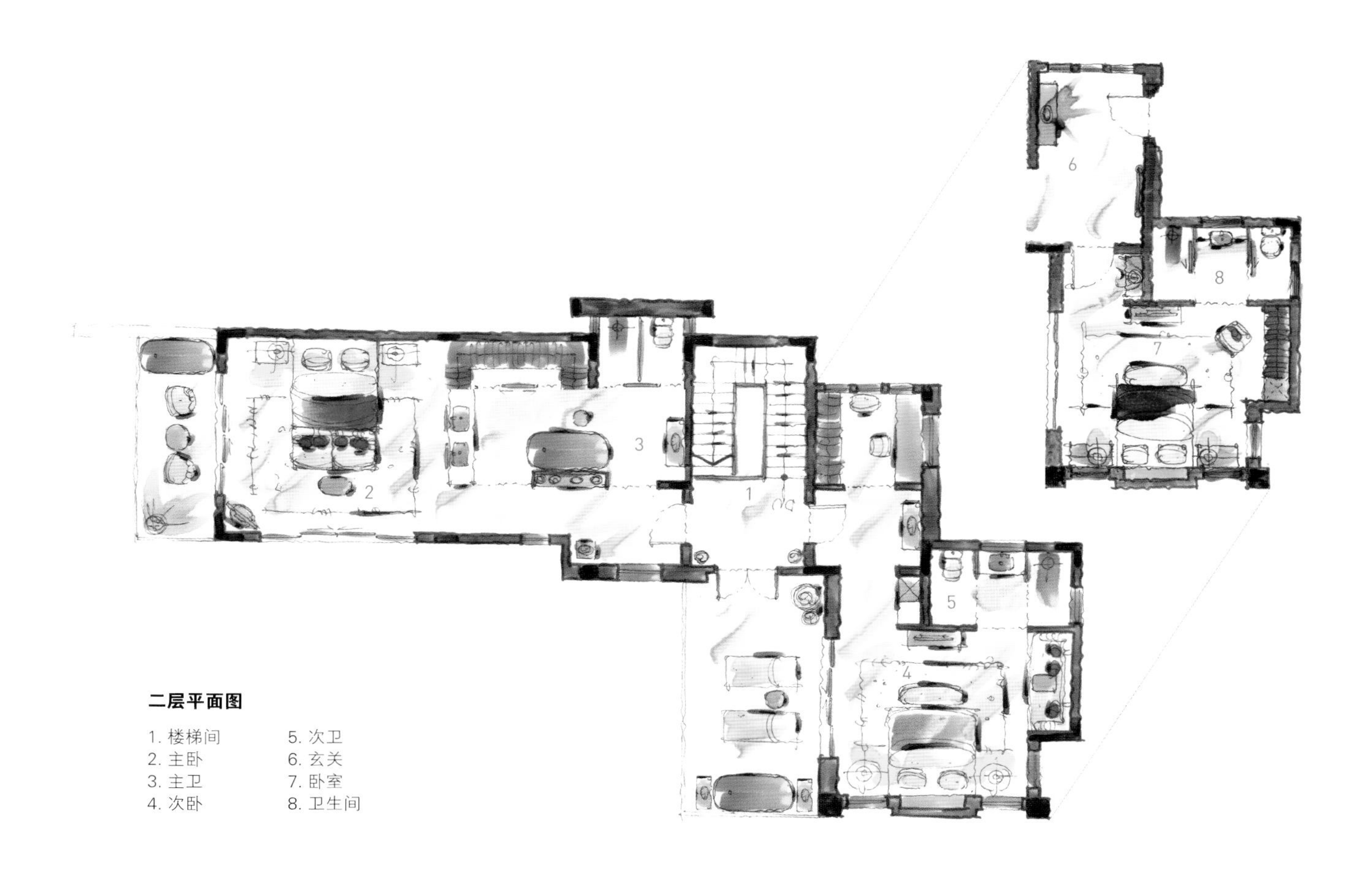

二层平面图

1. 楼梯间
2. 主卧
3. 主卫
4. 次卧
5. 次卫
6. 玄关
7. 卧室
8. 卫生间

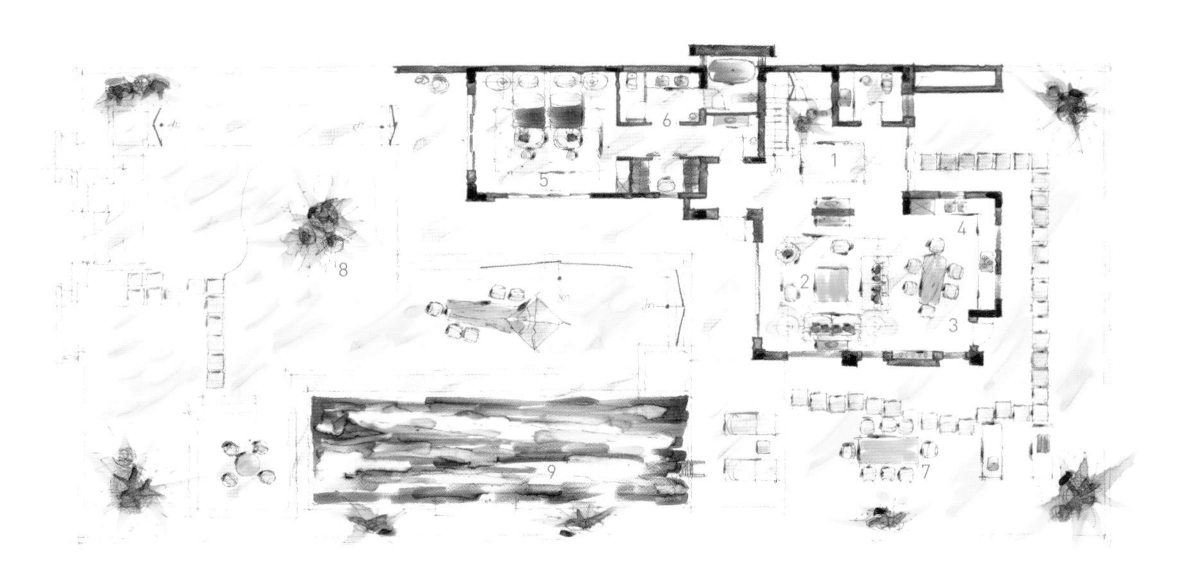

一层平面图

1. 玄关
2. 客厅
3. 餐厅
4. 厨房
5. 次主卧
6. 卫生间
7. 烧烤区
8. 户外园林
9. 泳池

客餐厅前后通透，开放式布局最大化提升了采光和通风功能。屏风画后是隐藏式的储物架，在诗意与务实之间取得绝妙的平衡。空间的色彩搭配，有如一幅立体的水墨丹青，飘逸的白色，尊贵的金色，曼妙的湖蓝色，墨色渐变的秀美河山之间，点缀雅致而灵气十足的瓷器，意蕴悠远的格调翩然入室。

餐厅，自然而然的色彩最能表达原生态之美。竹黄、橘黄、金黄，同一色系的色调渐变，将生活最弥足珍贵的温度与气场轻松驾驭，在用餐中收获生命开花结果的乐趣。

一层卧室，以搭配民族传统图案的红色，作为室内装饰的点睛之笔，与不同程度的海蓝色碰撞，激情中伴随冷静，热烈却不浮躁，独特的民族气质中，显露国际时尚品位。

大卫·霍克尼说：“我喜欢生活在色彩当中。”色彩的运用，往往给设计意料之外的惊喜。二层卧室，根据建筑结构量体裁衣，设计了统一风格的坡屋顶，提取自清代正黄旗的明黄色彩，赋予空间欢快闲逸的氛围，传承王公贵族的显赫贵气。

卧室是充满私密和宁静的天堂，无须过多地强调诗情画意，刺绣抱枕、木雕屏风、竹梯毛巾架，对中式情怀的演绎以点透面，采光良好的房间干净、雅丽，越简单，越不怕生活的烦琐。

现代的空间里，设计以平民生活中的寻常物件，演绎中式的民族风情，就像一道简单却唯美的家常菜，没有过多的炫技，却满含真情实感，营造出家的温暖感性。

第三章 ◎艺之精

中国传统技艺形式多样，历史悠久，凝聚着民族性格、民族精神，是中华文化的重要组成部分，也是世代相传的文化传统。各种不同的表现语言，传达着中国文化的内涵和本质。本章中的作品以各种不同的中国传统技艺为灵感来源，造园、刺绣、插花……在体现了精巧的工艺的同时，也让设计有了不一样的气质。

茶香盈满室

项目名称　惠州中信紫苑汤泉会馆
项目地点　中国，惠州
设计公司　台湾大易国际设计事业有限公司
主创设计　邱春瑞
竣工时间　2014年
项目面积　540平方米
摄影师　大斌室内摄影
主要材料　砚石、灰麻石、黑金沙、银白龙、伯爵米黄、防雾银镜、茶镜、仿古铜、地毯、墙纸、木饰面、地板、乳胶漆、马赛克、亚克力、青水泥压板

◎ 灵感来源

茶是中国传统文化的组成部分，中国是茶树的原产地，“茶艺”有深厚的历史渊源，自成系统，中国历代社会名流、文人骚客都以崇茶为荣，特别喜好在品茗中，吟诗议事、调琴歌唱、弈棋作画，以追求高雅的享受。茶艺包括茶叶品评技法、艺术操作手段的鉴赏以及品茗美好环境的领略等。其过程体现形式和精神的相互统一，是饮茶活动过程中形成的文化现象。

◎ 设计说明

本案设计师以禅的风韵来诠释室内设计，现代气息糅合东方禅意，将空间演绎成一个优雅的品茗空间，不求华丽，旨在体现人与自然的沟通，为现代人营造一片灵魂的栖息之地。

茶室各个空间用木格隔成半通透的空间，坐在包间内品香茗，心静则自凉。纵横结合更加脉络清晰，其复合性与包容性，赋予空间无限想象，呈现细致优雅的空间氛围及简洁宽敞的空间感。

茶馆内以素色为主调，温润自然，犹如杯中琥珀色的茶汤，黄色继承了佛教的传统色彩，希望突出部分空间达到一种“禅”的意境。粗糙的青石板与天然纹理的木地板厚实而流畅，仿佛划过了时间的痕迹，为整个空间带来一种大气磅礴的气势，以一种独特的姿态诠释着中式之美。

软装以茶作为引子，凝聚整体空间感，同时也向前延伸了空间体验。抛弃一切矫饰，力求做到平淡致远，尊重古建筑的原有语言，只保留事物最基本的元素。用最少的元素，如樱桃木、榉木、藤、竹等来表达对苏东坡的敬意。东坡有词云：“人间有味是清欢。”设计师呈现的也许是苏轼当年最喜欢的一幅情境——素墙、黛柱、青地、白顶，在这种简逸的情境之中点缀着漏窗、竹帘、卧榻、古灯、幽兰、诗词、书法、绘画等。在所有装饰书画的设置上，设计师尽一切所能搜集苏轼以及和苏轼

有关联的传世书法、绘画作品，使用最接近原作的印刷复制方法制作，陈刊于室内及室外墙面，让近千年的东坡文化流淌在时间和空间之中。在这里，体味出当年以苏轼为首的文人雅士风云际会的畅意人生画面。

搭配上收集的东方茶瓮、器皿等，让整个空间与茶道精神合而为一的同时又展现空间的全部功能和意境。追求表面的质感和肌理，不同质感和肌理的材质对比正如同不同形体体块的互相对话，为了暖和硬朗的材质，设计师在细节之处最为用心，无论是走道上看似随意摆放的佛像、枯枝，还是那些做工精良的中式家具、置于展示柜内的精美瓷器与茶具，这些细微之处的累积都让空间显得更为饱满。

一楼的一间茶室朝北方向全部以落地木窗代替墙面。屋外湖边的湖泊似乎成了茶室的一部分，俨然是一幅超大的立体水墨画。使人在品茶的同时可以直面窗外的湖光天色。苏东坡曾云：“宁可食无肉，不可居无竹。”竹子常被赋予潇洒、高节、虚心的文化内涵，使观赏者通过观物而引申到意境，从而塑造一个清幽宁静的空间。**设计师将一楼东西两间茶室墙面打空，与外墙之间种上竹子，形成一幅天然的水墨竹枝图，浑然天成。**

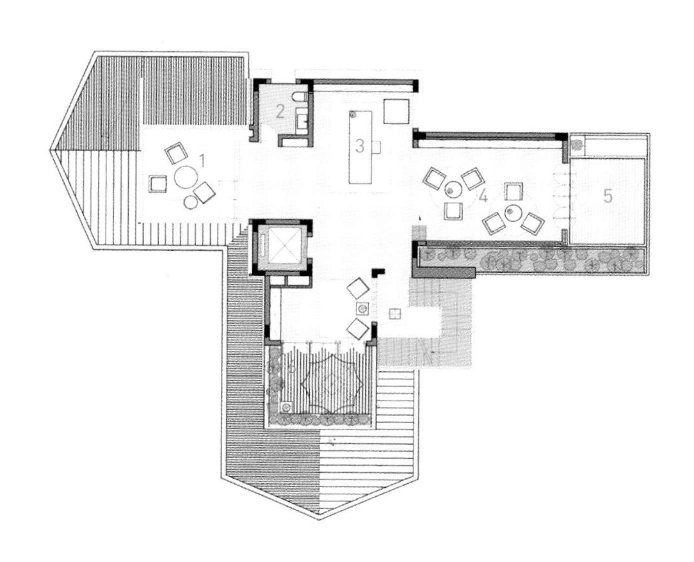

◀ **三层平面图**

1. 阳光茶室
2. 洗手间
3. 书画区
4. 东坡书院
5. 露台
6. 庭院

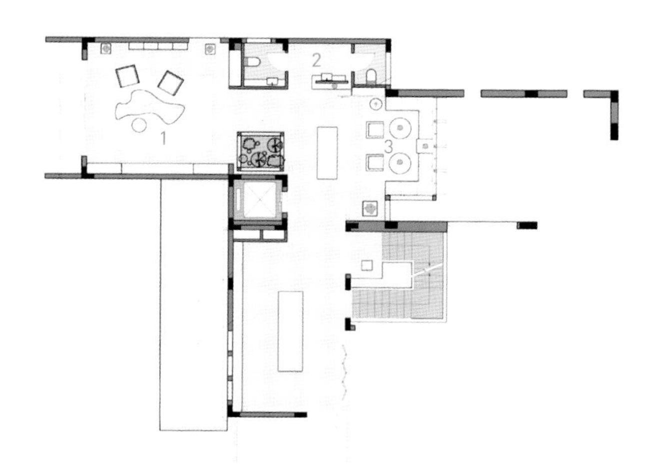

◀ **二层平面图**

1. VIP 茶室
2. 洗手间
3. 洽谈区

▼ **一层平面图**

1. 草堂
2. 洗手间
3. 操作间储藏室
4. 茶馆
5. 洽谈区

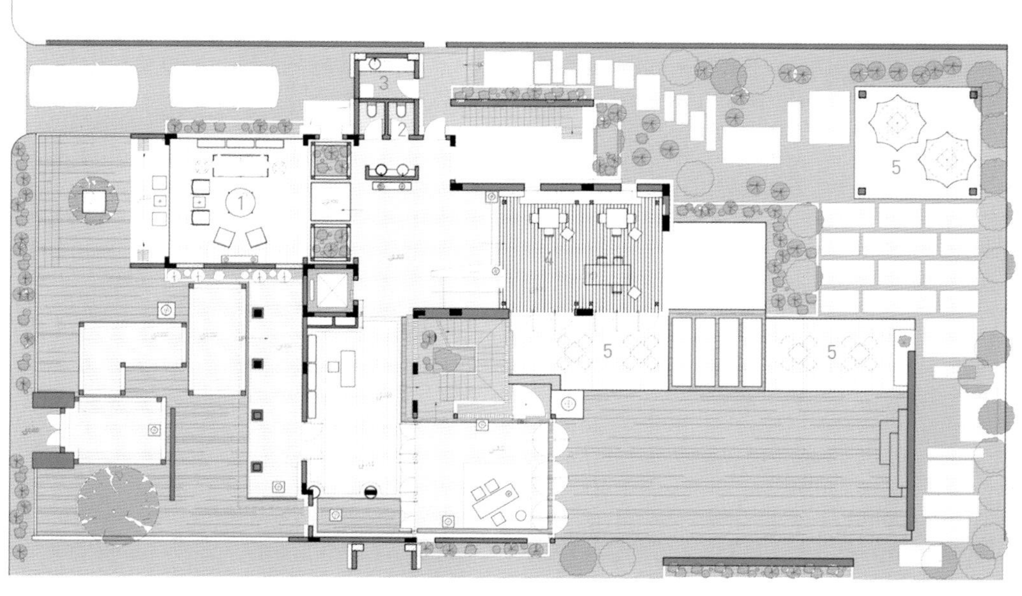

二楼展示厅设计师以“回归”“内省”的出发点，选择宁静、朴实的人文禅风，厅内仅摆着一件根雕，整面6米的墙面上则是用来投影展示。

三楼书房设计以功能性为主。在其装修中必须考虑安静、采光充足和有利于集中注意力。为达到这些效果，使用了色彩、照明、饰物等不同方式来营造。

泊墨之境

项目名称　誉海半岛9座101别墅示范单位
项目地点　中国，佛山
设计公司　硕瀚创研、佛山东西无印家居食品有限公司
主创设计　杨铭斌
竣工时间　2016年
项目面积　500平方米
主要材料　木饰面、白色乳胶漆、墙布、钛金拉丝不锈钢

◎ 灵感来源

中国园林有着悠久的历史，秉承“虽由人作，宛自天开”的艺术原则，将传统建筑、文学、书画、雕刻和工艺等艺术融于一炉，在世界园林史上独树一帜，享有很高的地位。本案的位置环境宜人，设计师希望通过新中式的室内元素的气韵与幽静的户外园林相映衬。

◎ 设计说明

本案原建筑从入户门进入室内是一个两边墙体的独立玄关空间，设计师认为公共空间之间应该在区分区域的基础上能够相互渲染，所以在设计上把两边原有的墙体拆除后放置半通透的花鸟元素屏风，以此把园林外的意境引入室内，同时与茶室的意境相得益彰。整体空间色调主要采用文雅静谧的浅色调，主要由木饰面、白色乳胶漆、墙布、钛金拉丝不锈钢等主材构成。有着6米高的客厅区域，设计师通过空间梳理，针对客厅部分运用对称和简练的线面构成手法，确立出空间的中轴线，并且在立面处理上力求在疏密比例的线面衔接中做到延伸的细节追求，使原本不对称的背景墙更加和谐庄重，体现的不仅是空间熏陶出来的意境，更是对生活细节追求的态度。

半通透屏风在空间中起着重要的隔断功能的同时更是过道中的一道风景线，让游走在空间中的人犹如身临高山迷雾中，室外时而传来鸟鸣更是写意。负一层去除管道层的高度约为4.5米，在如此尴尬的高度中做夹层固然会感到压抑，所以设计师在梳理空间功能分布的时候把走动较少的功能空间安置在夹层，并且通过镜面和灯光效果把空间压抑感减到最低。负一层同样延用一层的线面构成手法，品酒区保留层高做出中空位置。在材料上做变化，加入肌理漆与钛金相搭配让空间色调更加丰富，在软装的点缀下更显高雅自得之意。

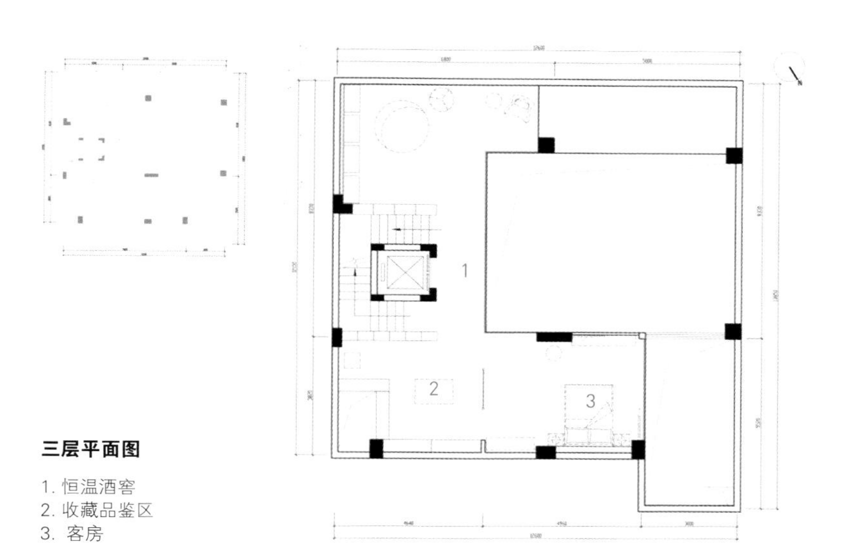

三层平面图

1. 恒温酒窖
2. 收藏品鉴区
3. 客房

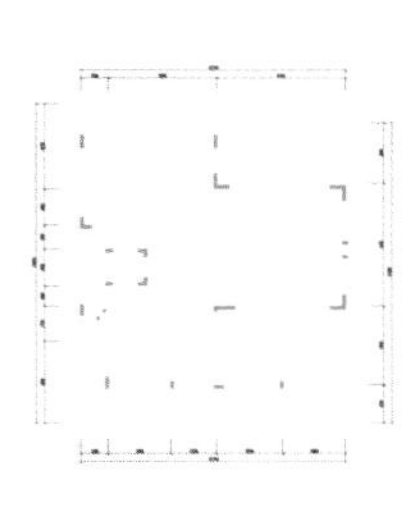

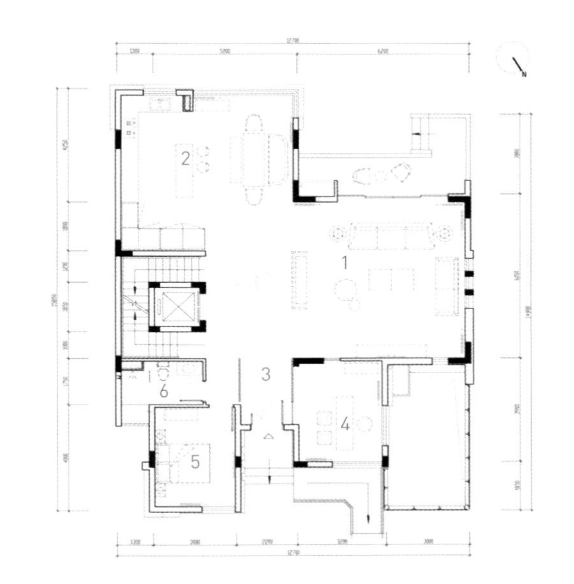

一层平面图

1. 客厅
2. 开放式厨房
3. 过道
4. 茶室
5. 卧室
6. 卫生间

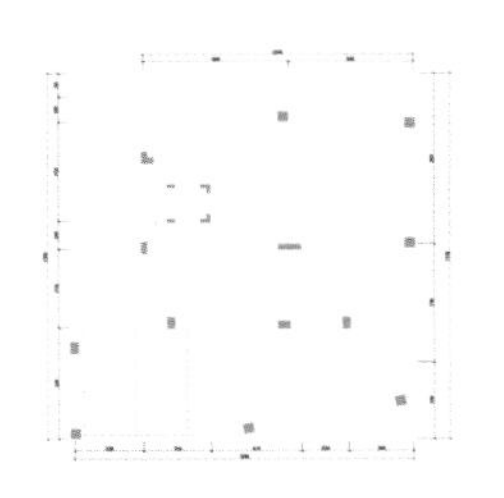

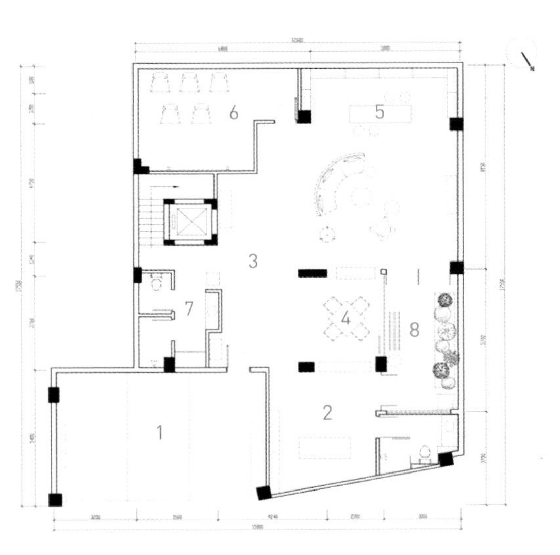

负一层平面图

1. 车库
2. 书画室
3. 过道
4. 棋牌区
5. 品酒区
6. 多媒体娱乐室
7. 卫生间
8. 园林小景

空间规划的合理划分能够提升业主的生活质量，设计师将整三层划分为主人活动区，并舍去原主卫生间的部分空间纳入到衣帽间，整个区域形成回路动线。

主人房床头背景的屏风水墨元素为空间的主视线，并以镜面延伸，虚实交错，增加了情趣丰富了视觉。天花四周的灯槽是整个空间氛围的渲染光源，犹如在月光底下那水墨般的丝丝白雾，飘散贯穿于空间中。

中西合璧『绣』外慧中

项目名称　江苏常州荆溪福院十二园私人住宅
项目地点　中国，常州
设计公司　深圳埂上设计事务所
主创设计　文志刚、李良超
竣工时间　2015年
项目面积　380平方米
摄影师　黄缅贵
主要材料　实木、瓷砖、布艺

◎ 灵感来源

刺绣是中华民族最具代表性的传统手工艺之一，早在远古时代就伴随着祭天礼器(青铜器、玉器)、陶器和织物而诞生，且世代更迭生生不息。本案以怀旧复古的方式贯穿始末，将中国刺绣的优雅贵气演绎得淋漓尽致。东方与西方文化杂糅碰撞，指尖触及的每一个角落都能感受到居者的自在感与情调感。

◎ 设计说明

本案从地下室上来对着的是整个房子的中心——中庭，中庭的南面是客厅，北面是餐厅及西厨。原建筑是一个内庭院，只有一层高，设计师把它加高到二层高，把顶用玻璃封起来，让整个一层是一个全通过的空间，把小做大的同时不失于建筑的本质。**黑色千层石打造的流水墙，木雕摆件，如水墨**画一般。

客厅的大气内敛，儒雅含蓄，中西家具的混搭的效果，现出优雅不俗的装饰效果。颜色淡雅，释放现代之感，却又不张扬抢眼。复古铜壶中的一支殷红梅花，让清雅中多了几分端庄丰华。

餐厅与户外的植物，盎然惬意，互为风景，诗韵潺潺。贵绿色和手工刺绣映衬得十分惬意，在午后阳光的照耀下，仿佛穿越时空，在记忆的故事里徜徉。一面是天井门庭的写意画，一面是窗外绿叶茵茵的自然之景，落座桌前，一餐一羹都显得新鲜可口，心意盎然了，便食之有味了。

地下室主要为主人的休闲空间，色彩赋予空间强大的生命力，总是恰到好处、画龙点睛地增强了视觉层次感与冲击力，增添浪漫恬静。点缀的新古典元素，贵气的紫色布艺，盆栽绿植，明清元素的现代油画，让整个空间多了些轻松活泼和娱乐玩味之感。地下室的过厅，设计师通过光与影让它栩栩如生。卫生间墙面用的是质朴的白水泥，洗手台是淘回来的老家具改造而成。

将江南园林的因景互借，移步换景的手法用到室内，就像这白色流转楼梯，原色实木台阶，简约变化的线条，晕黄的灯光，像白色的宴会卡片折叠而成，扶摇上下，带着北欧淡淡的童话书香。它将这个家的所有居室与生活连接在一起，如静立在室内的艺术品，蜿蜒着迎接每一位步入者，又舒展着通向另一个空间。

二层平面图

1. 客房
2. 卫生间
3. 干蒸
4. 衣帽间
5. 主卧
6. 主卫

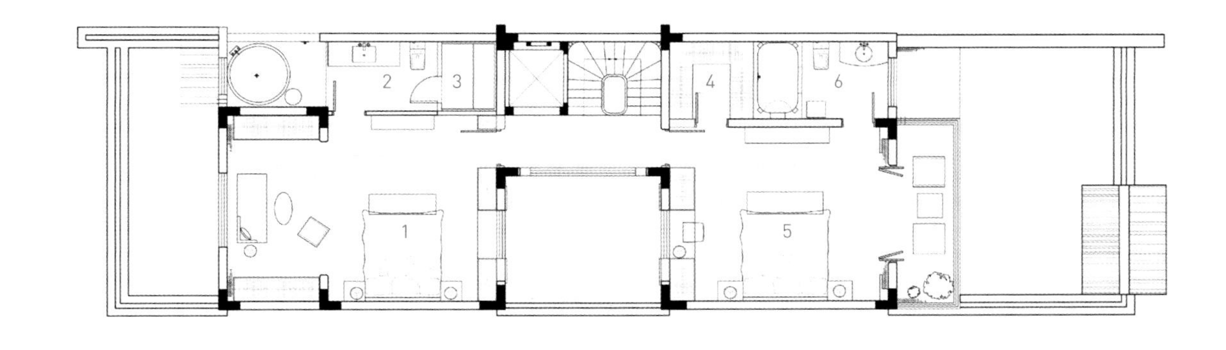

一层平面图

1. 后花园
2. 西厨
3. 中厨
4. 卫生间
5. 餐厅
6. 中庭
7. 水景
8. 客厅
9. 花园

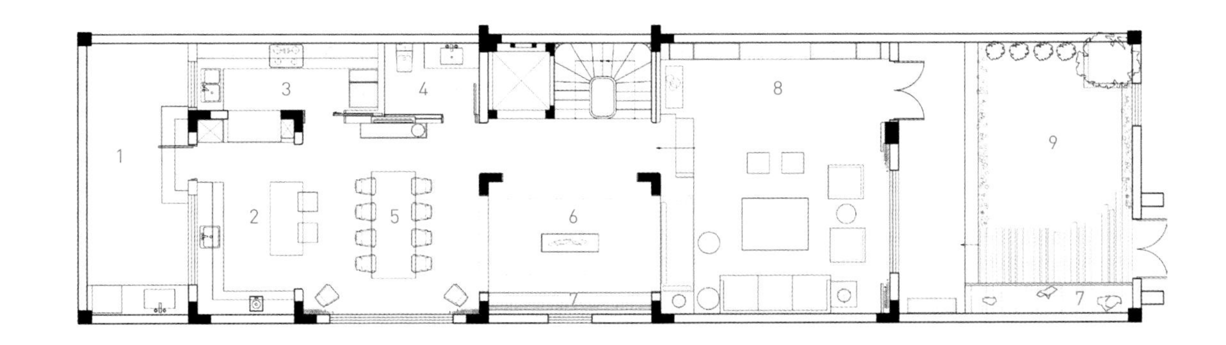

负一层平面图

1. 储物间
2. 棋牌室
3. 卫生间
4. 保姆房
5. 吧台
6. 视听区

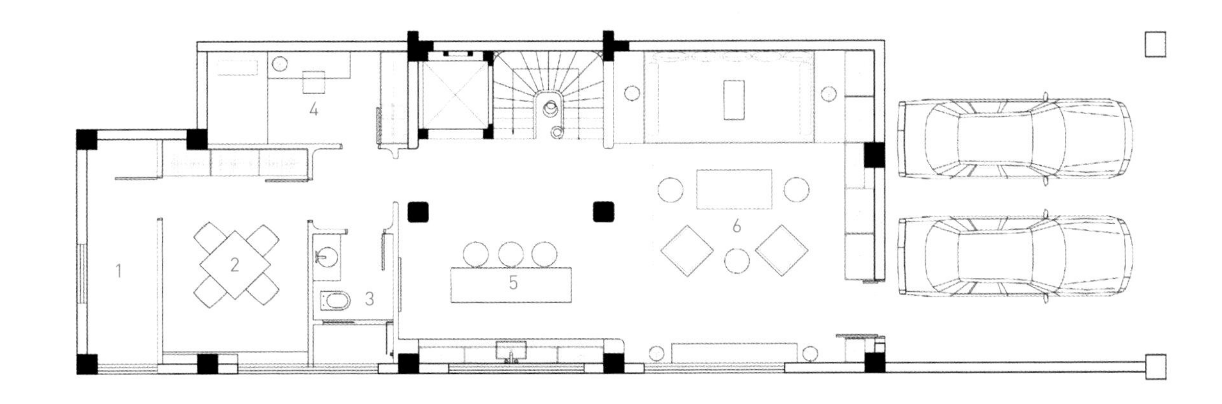

主卧里风格鲜明的家具，更似一件工艺品般展现出优雅不俗的装饰效果。以美式仿古的姿态，安于一隅的衣柜，在日月更迭，光与影的交替中，唤醒居者美好的记忆，释放向往自然，回归自然的情怀。天然白色洗石子的浴室，传统手工艺的质感，古朴的颜色，光影变幻，更具灵气与自然之力，与复古的居室相得益彰，娴静温柔地带来一种安全感。

大音自成曲，但奏无弦琴。一席阳光透过竹帘，婆娑地洒在室内，无须过多的饰品，矫揉造作的修饰，晨午黄昏，斑驳光影中，书房每时每刻都呈现不同的格调，为闲情雅致赋予不同的曲乐。云归处，人归来，华灯初上，几榻有度，器具有式，位置有定，通透有序，含蓄不事张扬。无须焚香，新中式风格的古朴家具中，就透出幽幽的墨香。

林隐——退一步生活

项目名称 洛阳英和观唐别墅D户型
项目地点 中国，洛阳
设计公司 深圳昊泽空间设计有限公司
主创设计 韩松、姚启盛
竣工时间 2014年
项目面积 560平方米
主要材料 尼斯木饰面、米黄石材、柚木

◎ 灵感来源

“留白”是中国传统艺术的表现手法，运用在中国绘画、陶瓷、诗词等领域，即在作品中留下相应的空白。在书画艺术创作中，为使整个作品画面、章法更为协调精美而有意留下相应的空白，留有想象的空间。设计师将这样的理念运用到了他的设计中，空间中随处可见中国传统元素，但并不拥挤和压抑，方寸之间显天地之宽，此处无物胜有物，予人以想象的空间，其中的审美价值可见一斑。

◎ 设计说明

设计师将自己的设计主题命名为：林隐——退一步生活。生活可不可以像画画一样留白，画的留白可以让视线和思维延伸到无限远，家的留白是不是可以让身体和精神无限的自由舒展，把一个个彼此封闭的空间打开，将室内外的界限模糊，让空间流动起来。身体的自由穿行，带来思想上随性放逐。

这是一栋共有三层的别墅，一层是公共区，分布着宽敞的客厅、餐厅和两间厨房。移至二层首先是一个小小的起居区，两边有儿童房和老人房，每个房间都配有大面积的休闲露台。三层是主人的卧室，配备了大大的衣帽间和浴室。另外还有一层地下室，设计师将其改造成了一家人的休闲空间，还兼具了储藏室和工人房。

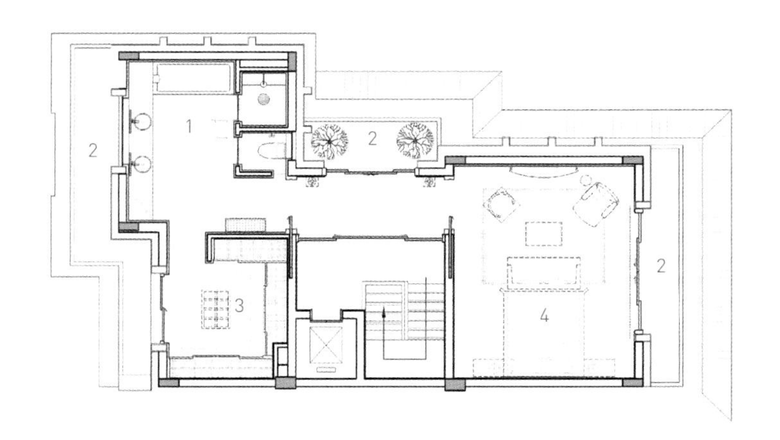

◀ **三层平面图**

1. 主卫
2. 阳台
3. 衣帽间
4. 主卧

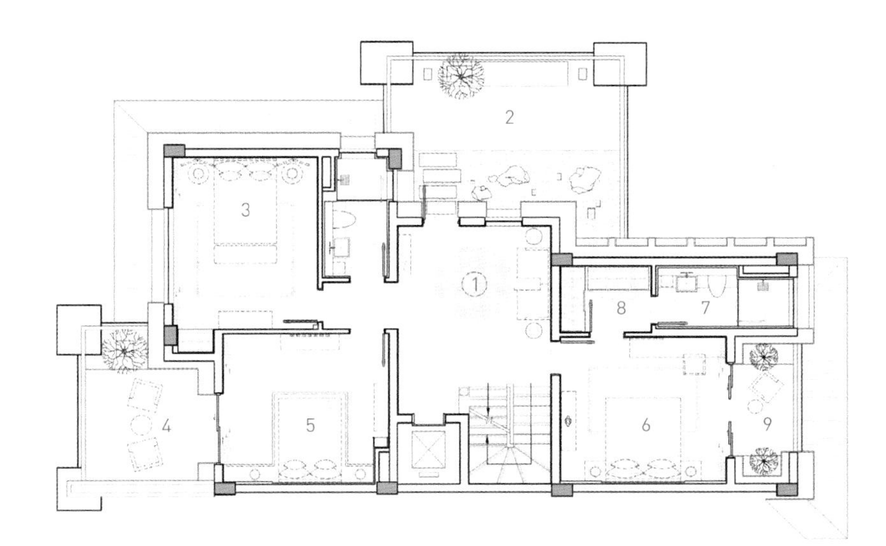

◀ **二层平面图**

1. 家庭厅
2. 露台
3. 女孩房
4. 休闲阳台
5. 男孩房
6. 老人房
7. 老人房卫生间
8. 衣帽间
9. 观景阳台

▼ **一层平面图**

1. 入口
2. 餐厅
3. 西厨
4. 中厨
5. 玄关
6. 卫生间
7. 客厅

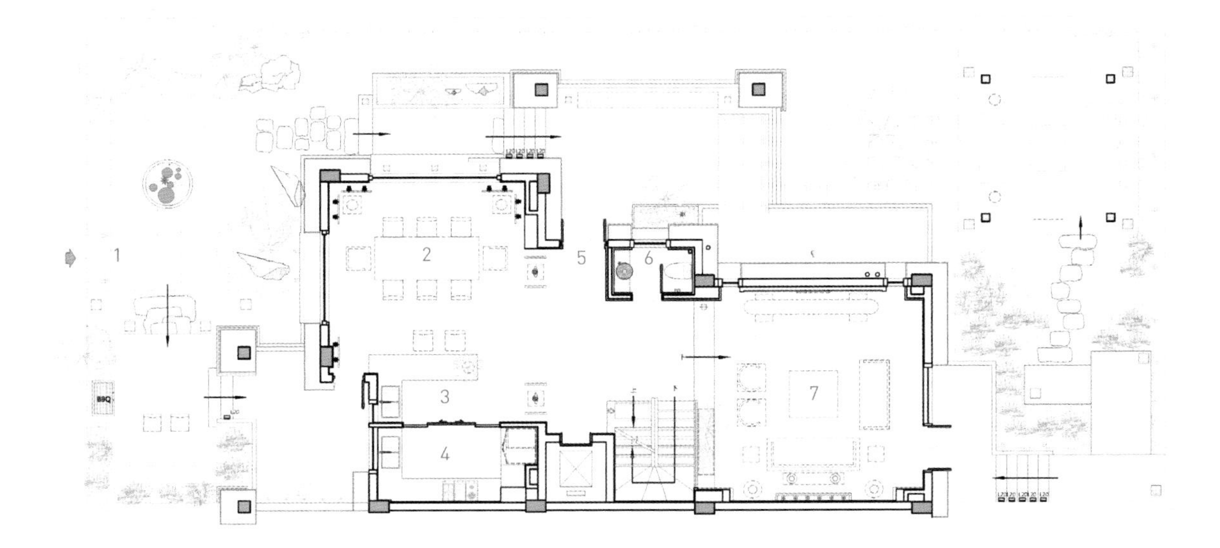

室内空间以优雅低调的暗色调为主，中国传统家具在空间中占有很大比例，柚木的自然色彩也成了室内色彩的主要基调，为了使空间不至于压抑沉闷，地面采用了更为淡雅的米黄的石材，中和了大面积的暗色。

客厅中使用了更为舒适的西式沙发，搭配了传统中式的椅子。餐厅中除了中式餐椅，还在吧台处增加了两个花鸟图案的绣墩，与台上的梅花相映成趣，勾勒出中式味道。最大的亮点在书房，背景墙像中国传统建筑中的瓦片一样层层叠叠，又像一本本摞起来的书，与中式的环境相得益彰。

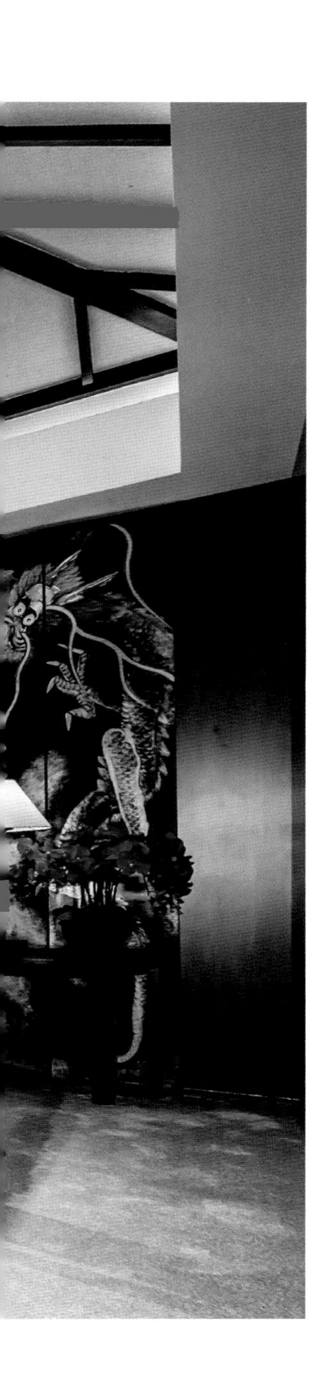

居室如玉

项目名称　鲸山觐海流水别墅示范单位
项目地点　中国，深圳
设计公司　深圳朗联设计顾问有限公司
主创设计　秦岳明
参与设计　陈丁楠
竣工时间　2015年
项目面积　476平方米
主要材料　灰茶钢、皮革、墙纸、石材、木饰面、夹纱玻璃

◎ 灵感来源

中国玉文化是中国古代文化的重要组成部分。中国自古视玉为宝，虽然它的载体——玉器表现的是具象的东西，但是它本身却蕴含着中国古代形而上的哲学精神，并折射出中国古代不同时期的社会生活。在中国传统文化里，玉是信、是德、是雅、是君子。赏玉容天下，方寸识古今。本案的设计初衷，便是源于此处的考量。

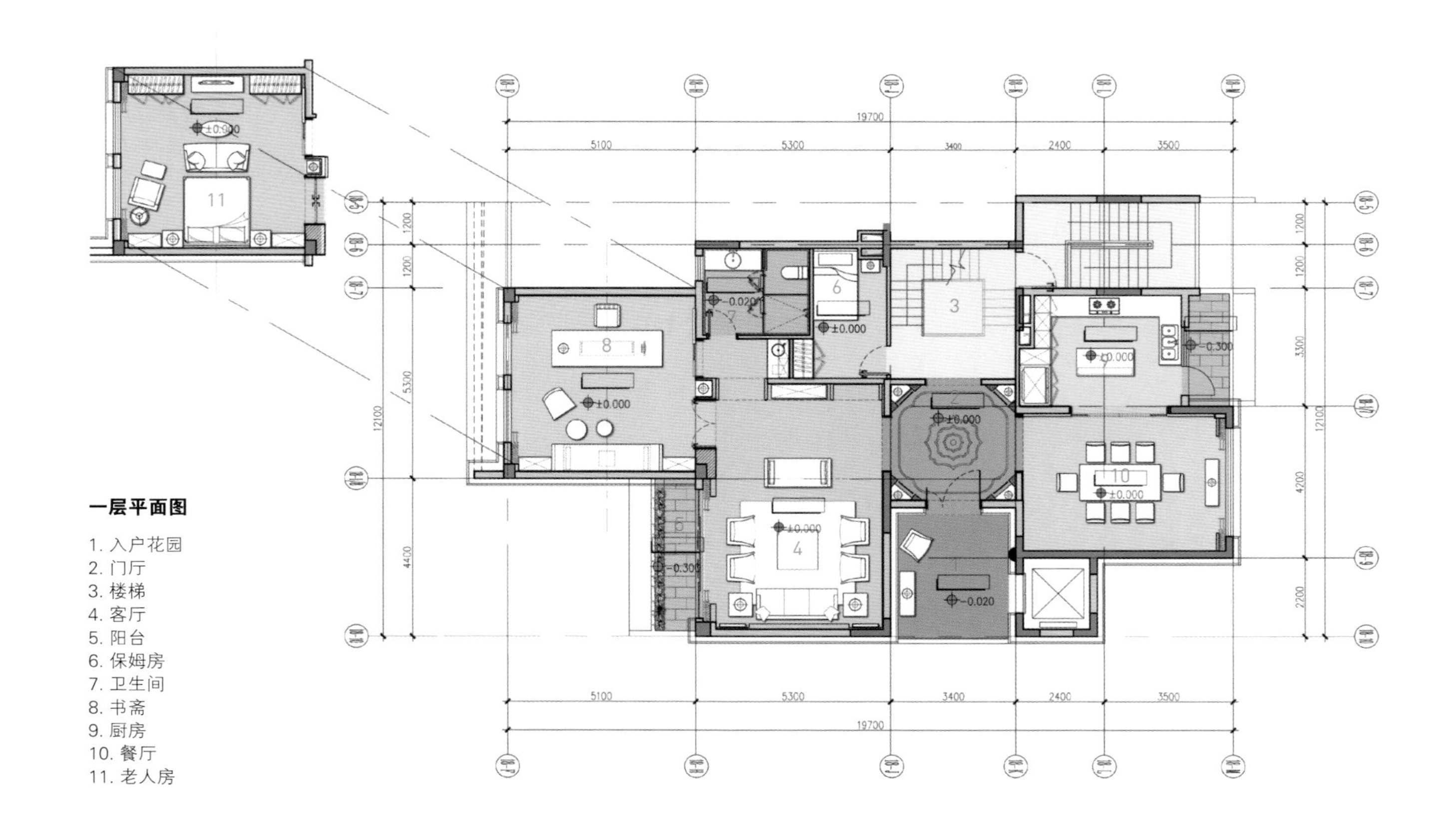

一层平面图

1. 入户花园
2. 门厅
3. 楼梯
4. 客厅
5. 阳台
6. 保姆房
7. 卫生间
8. 书斋
9. 厨房
10. 餐厅
11. 老人房

◎ 设计说明

本案位于畔山畔海的深圳蛇口港湾大道北侧，一揽太子湾纯美海景。于风雨浮沉中，见天，见海，见万物。借由这样的环境，设计师联想到东方瑰宝——玉。设计师以“玉”为主题，去掉繁复细节，以简约的造型艺术诠释东方神韵。采用中式传统开合、迂回的技艺手法，让中式屏风、圆形拱门这些带有历史韵味的装饰符号在空间各处应运而生。同时，在整体感觉中融入玉之灵、美、德，通过节奏的变化与跳跃来体现不同空间的韵律之美，赋予空间一种别致的情调。

在软装设计上，取“鱼”“水”为题，“鱼”与“玉”为谐音；“水”则养“玉”呼应主题。深褐色调为主的色彩、中式传统家具与知名品牌家私，强调细致与高贵；在艺术品的陈列上，则以手工刺绣、绢丝手绘为主，辅以精致饰品与玉饰点缀，凸显空间的品质感。在这辽阔的天地间所营造的，即是沉静、空灵、尊贵、高雅的现代东方人居空间。

四合院里的生活美学

项目名称 南阳胡同3号院会所
项目地点 中国，北京
设计公司 空间进化（北京）建筑设计有限公司
主创设计 关天颀、金雷
竣工时间 2015年
项目面积 250平方米
摄影师 杨建平
主要材料 青铜、木、石材

◎ 灵感来源

四合院是中国汉族的一种传统合院式建筑，其格局为一个院子四面建有房屋，从四面将庭院合围在中间，故名四合院。虽为居住建筑，但四合院蕴含着深刻的文化内涵，是中华传统文化的载体。它的营建讲究风水，也就是中国古代的建筑环境学，是中国传统建筑理论的重要组成部分；此外，四合院的装修、雕饰、彩绘也处处体现着民俗民风和传统文化，表现出人们对幸福、美好、富裕、吉祥的追求。本案是由北京内城的一间四合院改造而成，虽然冠以四合院的名义，其实是个三合院，除了青砖灰瓦的建筑体征，院落很小，全无形制可言。但对于设计师而言，却有了一定的自由度。

禅家能自静
住处是深山

◎ 设计说明

北京内城（二环以内）民居建筑，除了重点保护胡同之外，大多数均沦为大杂院，南阳胡同3号院是一群“北漂”玩音乐的小伙子们的生活工作之地，几个对于传统文化抱有情怀的朋友，联手租用了这间院落。

传统四合院的形制构建有其历史原因，是北方民居的代表，抵御北向的寒风，收纳南向阳光，围合一方天地，是当时劳动人民的智慧。形制的演变是体现很多宗族长幼尊卑的礼制。问题有很多，设计过程，就是一个不断发现问题，解决问题的过程，问题解决了，设计也就完了。

这个大杂院有四合院的一些通病，阴冷潮湿，阳光不足，通风不畅，进深尺度不宜当代人的生活习惯。那么在空间布局中，第一，根据现有空间格局安排适用于相应尺度与相应功能的空间；第二，面向院落传统青砖房的开窗大面积拓展，几乎都设计成了玻璃隔断。

300平方米不到，功能很简单，小客厅、茶室、餐厅、棋牌、影院、酒窖、库房，还有后来设计师“偷”出来的一间禅室，落成的使用中更多是“酒鬼”来休息。

室内与院落的材料融合，整个表现为地面铺装；公共茶室与小客厅面向院落设置折叠推拉门，在不同天气下室内外空间自由转换，功能与趣味性得以加强；原有木构天花得以暴露，顺势展现建构之美；加入全空气空调系统，新风、地暖、除湿、降尘、降噪等当代住宅前沿科技手段均得以应用；计算了通风量，适当增加北向开窗，建筑被动式通风得以解决。

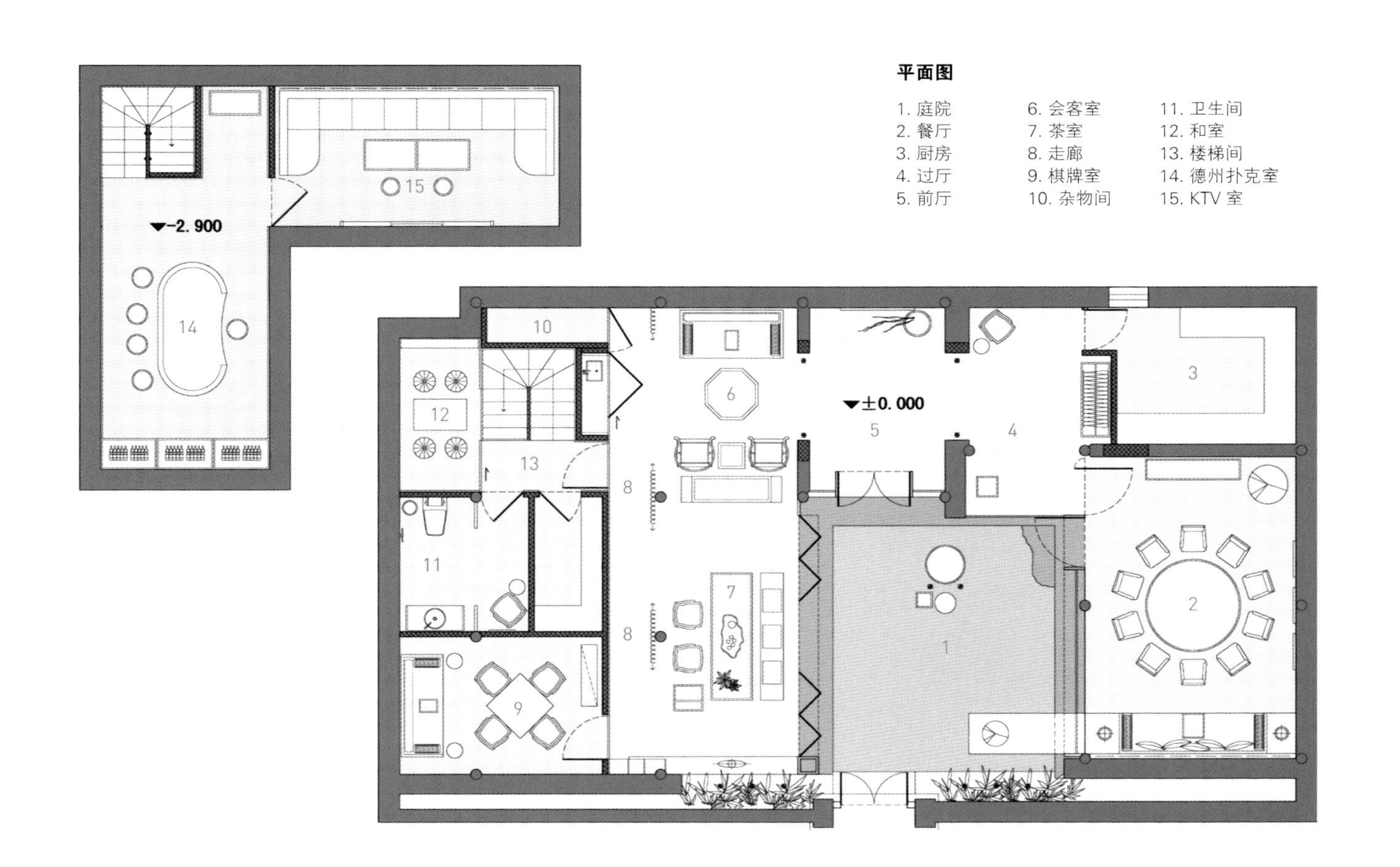

物料使用与灯光氛围积极营造，除了加强室内外视觉中的连贯性，在传统色彩中点缀环境光的营造（灯光是最廉价的装饰手段）。木构天花不适于灯具的安装布置，所以加入线性与点状地灯，加落地灯、台灯这些中间层次光，注重物料肌理的表达，与大面积黑（地面）、白（墙面）、灰（屋架）形成对比，粗犷与精致化细腻处理形成对比，提升空间品质。

对园林景观、家具、饰品的慎重选择不在于多，讲究些“留白”，这也是设计师与客户共同的认识，在今后使用的岁月中，得以增减，就有了与空间的互动，也就找到了生活美学的乐趣所在。

花韵

项目名称 湖南郴州湘域中央花园别墅
项目地点 湖南，郴州
设计公司 美迪赵益平设计事务所
主创设计 赵益平
竣工时间 2016年
项目面积 300平方米
主要材料 定制木制品、黑色不锈钢、墙纸、原石、清波、夹丝玻璃、大理石等

◎ 灵感来源

中国的插花艺术自古有之，并与点茶、焚香、挂画，被宋人合称为“生活四艺”，是当时文人雅士追求雅致生活的一部分。怡情于花草之间，是人们热爱生活、热爱自然的一种表现，同时，也体现了插花者的品德节操。在插花的过程中，时常需要花艺者“断舍离”。人亦如此，通过断舍离，人们清空环境，清空杂念，过简单的生活，才迎来自由舒适的人生。本案运用了大量的插花摆件与环境融合，使空间能表现出东方文化意义在当前时代背景下的演绎。

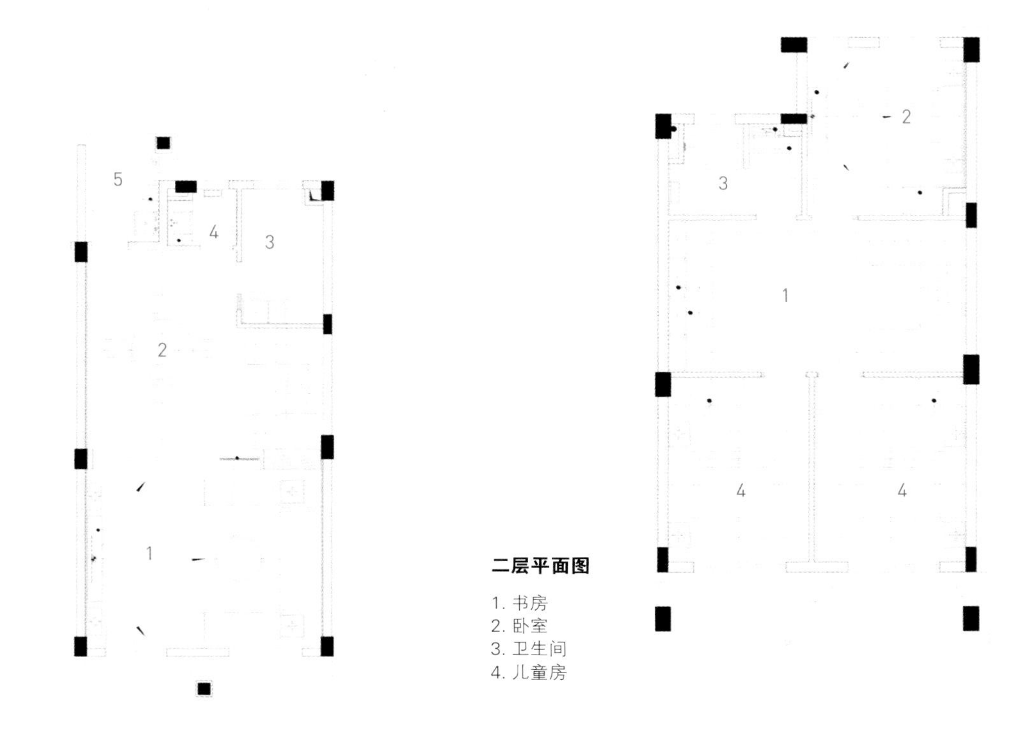

一层平面图

1. 客厅
2. 餐厅
3. 厨房
4. 卫生间
5. 生活阳台

二层平面图

1. 书房
2. 卧室
3. 卫生间
4. 儿童房

◎ 设计说明

现代人快节奏的生活步调，缺乏一种停下来的姿态，本案意在表达一种能摒弃了现代风格完全简约的呆板与单调，在空间设计、材料色彩运用、家具装饰品陈设上与东方家居文化进行融合。设计师希望通过材质和色彩的搭配来满足视觉效果，不推崇豪华奢侈、金碧辉煌，提倡以儒雅安静、轻松舒适为主，让整体呈现出一种自然原木和风之感。

在这套作品中，软装多用东方韵味及形式感元素来提升质感。素色淡雅的花艺增添居住时愉悦气氛。摆件上运用与硬装中类似的黑钢金属件，如餐桌上的黑钢镂空摆件，电视柜上的镂空插花摆件，都与整体空间搭配和谐。包括花瓶、茶具等黑色与空间原石材料相呼应，在淡雅的空间中又多了一些深沉。

整体挂画效果是黑白灰调，抽象的，随意的，在原木白墙上突出亮点。卧室的画作远看如同水墨，近看知晓细节，实际是图钉创意画。另外金色的装饰点缀，和谐且时尚。

设计师用自然的浅木色系细腻木纹与素灰色的墙面结合，给人以舒适温润之感受。在客厅餐厅之间运用的木质格栅，既起到空间分隔作用，又是一种通透的装饰。**而电视背景用山水纹大理石铺贴，与两旁的木质格栅是两种材质的对比，但却又平和而雅致，透露着丝丝韵气，儒雅禅意。**客厅顶面不仅用木方搭架，且有写意水墨画，文化气息扑面而来。明晰的线条、意境的水墨画，让其富有诗意与内涵。负一层的茶室运用自然的原石打造了一整面背景墙，自然的凹凸不平与本身的色泽随着空间的光影折射出美丽。品茶的时刻如同置身山林之中，悠然自得，人与自然和谐相处。

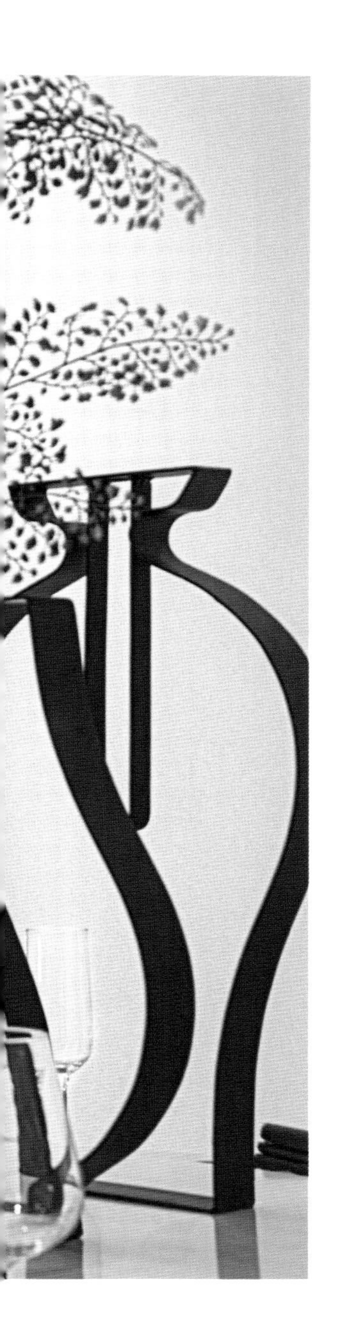

抬头看向楼梯间的结构及光影，一种科技时光穿梭之感。坡顶的造型从两边顺坡而上的射灯光源，让其格栅更有层次感。卧室设计为床头柜上吊灯，低矮聚光突出意境。

大都会的居住方式

项目名称　摩登中国风住宅
项目地点　中国，上海
设计公司　赵牧桓室内设计研究室
主创设计　赵牧桓
参与设计　施海荣、胡昕岳、赵自强、王俊、李欣蓓
竣工时间　2015年
项目面积　600平方米
摄影师　李国民
主要材料　水泥板、大理石、胡桃木、黑檀木、镀钛不锈钢

◎ 灵感来源

中国的造园活动最早可以追溯到3000年前，造园艺术模拟自然环境，利用树木、花草、山、石、水和建筑，按一定的艺术构思建成一个人工的生态环境，是中国文化中的“一绝”。中国的造园艺术与西方不同，它完全来源于自然山水，融于自然、顺应自然、表现自然。中国人喜欢自然的东西，这是一种文化特性。中国人也喜欢搜集石头，从庭园景观造景用的那些奇石，到欣赏大理石里面自然堆砌所成就出来的如画般的天然肌理。在本案中，设计师利用石头的自然肌理完成地面造型，然后从地面开始，像造园一般完成了这个具有东方意向的现代居住空间。

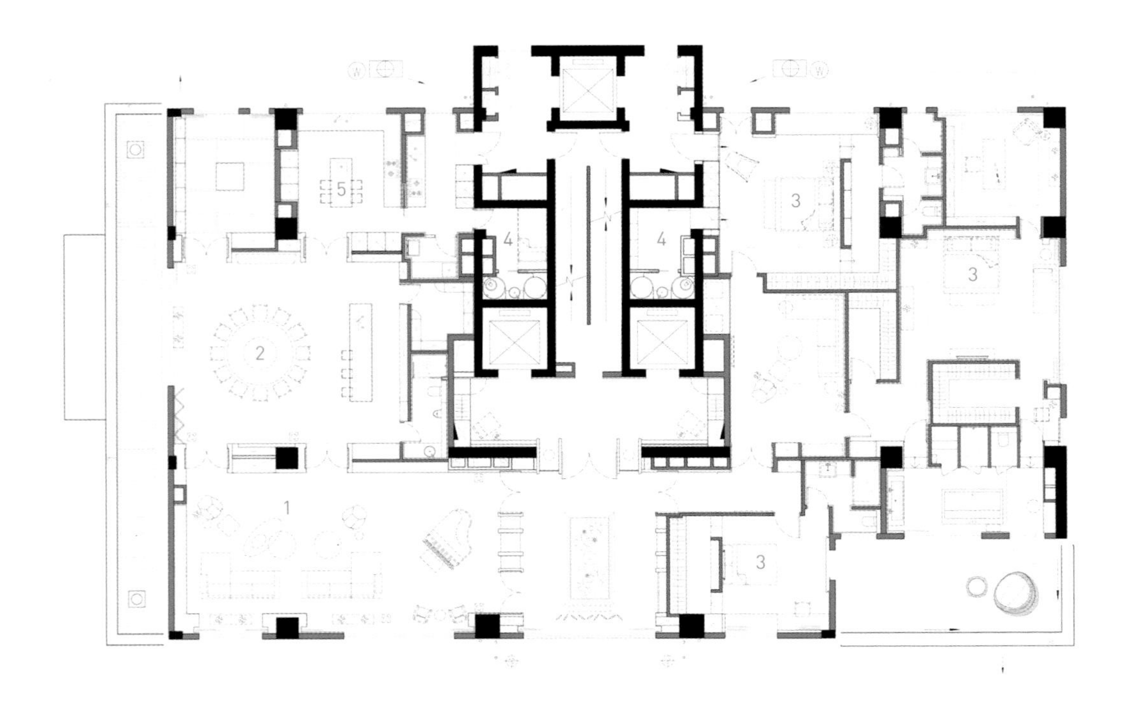

平面图

1. 客厅
2. 餐厅
3. 卧室
4. 卫生间
5. 厨房

◎ 设计说明

设计师从地面着手，把石头山水般的肌理加以放大，铺满整个空间，猛往画布里泼洒墨水，地面造型就完成了。

入口，设计师希望维持早期东方中式住宅那种大宅门的味道，所以，大铁门加上两头镇宅的石狮子，但留了开口在石狮子后面，一方面可以有自然光渗透到阴暗的电梯玄关，另一方面，主人不用开门也可以探望外面的来人。第一进的玄关是作为通往右侧公共空间和左侧私密空间的一个转折口，也是一个重要的起承转合的地方，更是开启这个宅子的纽带。有些隆重的氛围，也有水的流动，这可能或多或少受风水的影响。每一个空间的联结处，都安置了条形木门，但是可以隐藏到墙里，这样主人可以自己依照特殊情况和需求分隔空间，设计师认为门应该是自动的，省却佣人去开启。从客厅到餐厅到收藏室都是依照此根本逻辑去安排，也很自然形成该有的动线。从入口玄关往左到各个私密卧室，卧室的安排也是比较、参照传统长幼有序的逻辑去布局。

在这个案例里，设计师比较大胆地使用了中国山水色纹理的大理石，做了一个大面的铺装，希望把这种中式的山水的肌理，从地板上做一个呈现。然后在整体的平面上构成，沿用了中式对称的格局、空间的层次和镜位的关系。在颜色上，因为是一个比较高档的住宅，所以设计师希望色调沉稳、大气。灯光上主要体现空间的层次，然后再加上一些亮面，用高光的处理方式去呈现这种木饰面高贵的质感。

在客厅的地面和背景墙上都用了大理石来装饰，营造出超凡脱俗的空间装饰效果，选择了米白色的大沙发，又搭配了暗紫色的单人沙发椅，让空间多了高贵典雅的现代时尚范儿气质。用黑色木质栅条板做隔断，栅条门板是可以收起隐藏到墙体里，这样大空间能更敞亮通透。设计了博古架式的收纳柜，收纳展示着主人的藏品，又摆放了黑色的大钢琴，让空间充满了艺术风气息。餐厅是一个大气的空间，选择了圆形的餐桌，配着同色系靠背餐椅，在餐桌上方悬挂着圆柱形的吊灯，在餐桌边上摆放了立柜，让空间看上去大气实用，充满了典雅沉静的中式风格调。中式餐厅的旁边还设计了一个西式的小酒吧，贴着墙壁打造了收纳层架做酒柜，设计了黑色大理石台面的吧台，配着舒适的高脚凳，这里就是一个家庭酒吧了。休闲房，这里设计了榻榻米，榻榻米旁边的墙壁处设计了深色调的博古架来收纳茶具，榻榻米中间设计了可升降式的茶几，又在墙壁上挂置了中式格调的字画，让空间充满了古香古色的东方情韵。卫浴间里设计了黑色的盥洗台，盥洗台旁边的墙面设计了金色装饰，让低调沉静的空间透出奢华尊贵气质，在卫浴间里安置了大大的按摩浴缸，很舒适实用。

主卧室的床头墙上铺装了大理石，大理石的图案仿佛是天然的山河图，有着深厚的中式风装饰效果，卧室里选择了中式格调的家具，床的一侧安置着中式风格博古架做书柜。

这种平面布局很规整，空间的景深和境深都会顺着平面形成。设计师在无意识中寻求了古代士绅活在现代的一种生活方式。

第四章 ◎ 哲之思

中国哲学始于先秦，凝聚着中国思想家的智慧。中国哲学具有丰富的朴素辩证法的思维传统，和独特的思想价值观，对人类文化发展做出了有益的贡献，也在世界范围内产生了深远的影响。本章中的作品以某一哲学思想为灵感来源，将思想的哲学转化为生活的哲学、空间的哲学，这也是设计中的大智慧。

大艺术家·繁秋

项目名称　金茂·佛山绿岛湖项目示范区别墅
项目地点　中国，佛山
设计公司　深圳市品伊设计顾问有限公司
主创设计　刘卫军
参与设计　陈春龙、黎俊浩、李莎莉、张慧超
竣工时间　2016年
项目面积　530平方米
摄影师　曾朗

◎ 灵感来源

在中国人的哲学中，“禅”是个绕不开的话题，也是东方文化独有的大智慧。禅意可以是一种心境、一种态度、一种生活方式，也可以是一种追求。而东方的禅意空间，受到中国传统哲学和绘画、园林等艺术的影响，追求一种清新高雅的格调，注重文化的积淀。

◎ 设计说明

本案以新中式风格与现代手法为思维主线，配合中式的禅意意境，使本案在文化气质上热情奔放又不失心灵的归宿感。文化底蕴的表达与时尚的诠释也演绎得淋漓尽致，从而衬托出主人的文化气息，给主人带来文化与高贵的生活品质体验。

空间装饰采用相对简洁、硬朗的直线条，红色的家具装饰，搭配中式风格来使用。直线装饰在空间中的使用，不仅反映出现代人追求简单生活的居住要求，更迎合了中式家具追求内敛、质朴的设计风格，使新中式更加实用，更富现代感。

日本庭園集成

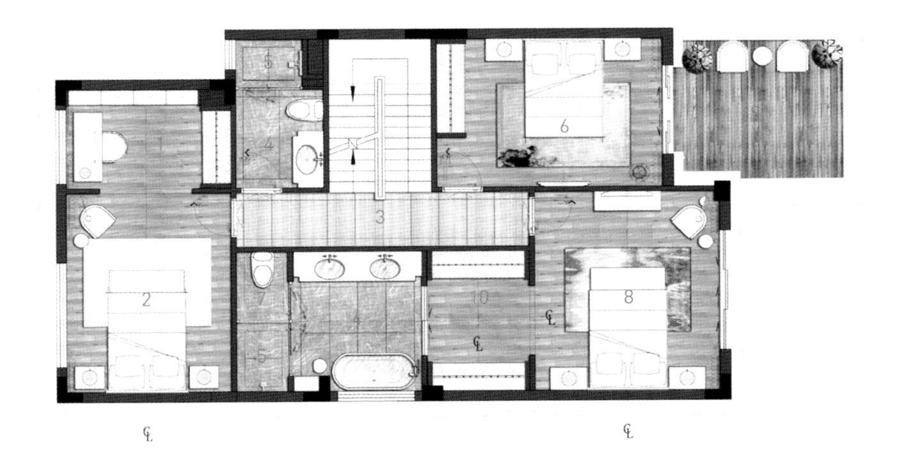

二层平面图

1. 书房
2. 小孩房
3. 过厅
4. 卫生间
5. 淋浴间
6. 卧室
7. 马桶间
8. 长辈房
9. 晨练阳台
10. 衣帽间

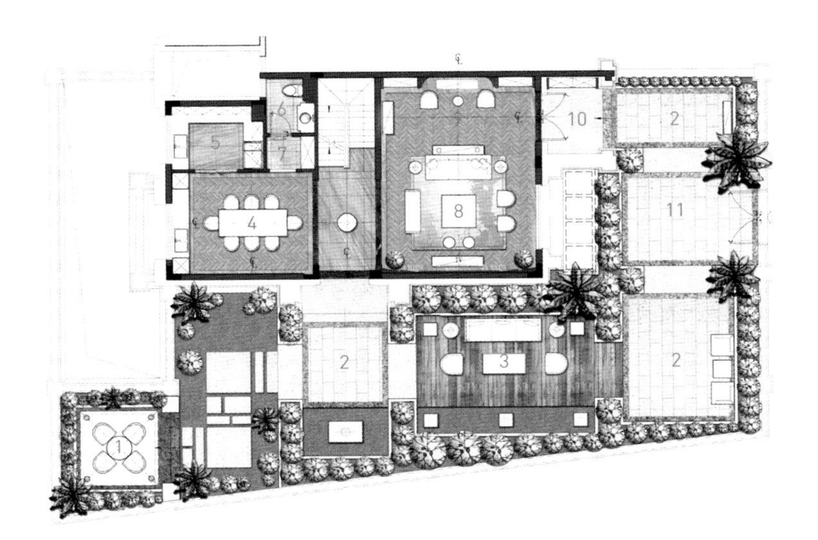

一层平面图

1. 凉亭
2. 庭院
3. 休闲区
4. 餐厅
5. 中厨
6. 公卫
7. 过厅
8. 会客厅
9. 艺术长廊
10. 门廊
11. 入户庭院

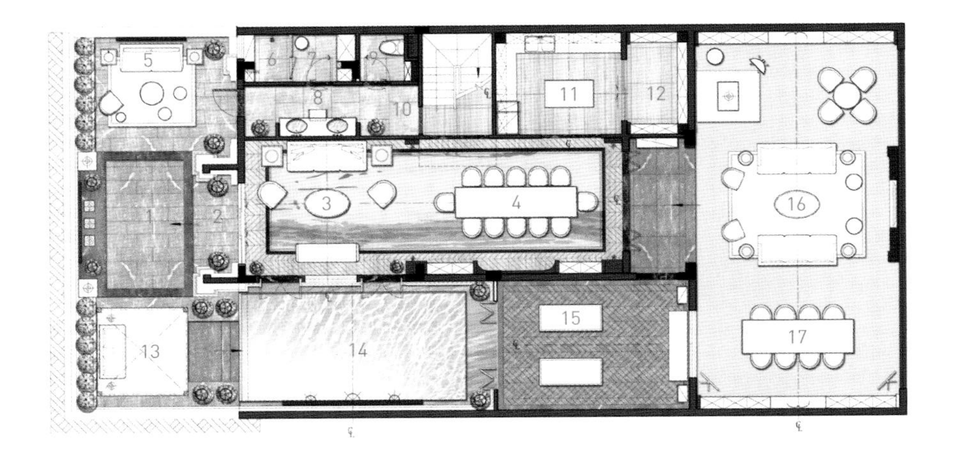

负一层平面图

1. 下沉庭院
2. 门廊
3. 多功能娱乐区
4. 品鉴区
5. 休息区
6. 淋浴间
7. 衣帽间
8. 洗手间
9. 卫生间
10. 过厅
11. 烘焙坊
12. 酒窖
13. 凉亭
14. 泳池
15. 瑜伽室
16. 生活艺术馆
17. 工作台

丰富的装饰细节是传统中式的升华，其中饰品可以体现主人品位，丰富空间的文化底蕴，这点在新中式上同样有所继承和体现；会客厅沙发背景的中国古代服饰以艺术挂件的形式呈现，彰显出主人的文化素养与欣赏水平，搭配白色大理石使高贵有一个新的升华；硬朗的金属条与朴素的木饰面，动与静、刚与柔的完美演绎。

一层以会客为主，设有艺术长廊、会客厅、餐厅、中厨，整合空间布局。宽敞的会客厅开阔的视野，严谨的轴线对称关系，展示了空间的开阔大气。

二层为睡眠区，小孩子房与书房衣帽间结合，使用空间的功能性更为升级，长辈房拥有独立的衣帽间，让空间更为高贵，休闲露台是室内空间的延伸，通过绿化和景观小品的设置，将露台营造出如同置身于森林的感觉。

三层为主卧活动空间，原结构主卧的入口狭小局促，动线不合理，现方案主卧入口位置调整，使动线变得更加合理顺畅，睡眠区与阅读区的完美结合，让业主享受轻松惬意的阅读时光，奢华的主卧空间带给业主私人定制式的超凡体验与享受。

THE TIMES 2017 ROAD ATLAS BRITAIN
THE TIMES 2017 ROAD ATLAS BRITAIN
THE TIMES 2017 ROAD ATLAS BRITAIN

栖居

项目名称 协信世外桃源
项目地点 中国，重庆
设计公司 重庆品辰设计
主创设计 庞一飞、李健
参与设计 张婧、熊晓清
竣工时间 2015年
项目面积 208平方米
主要材料 胡桃木、不锈钢、麻料、丝绸

◎ 灵感来源

现代都市的快节奏生活中，家仿佛是人们一处脆弱的庇护所。回家，一如倦鸟归巢，一如扁舟靠岸，人们对家具有的不仅仅是一种心理上的依赖，或许还具有更为深层次的心理需求，希求它诗意盎然，也或许宁静致远、悠悠禅意。设计师欲以本套新中式设计，传达“采菊东篱下，悠然见南山”的高远意境，住户在品味隐居禅意的同时，便懂得陶渊明这位朴素“大富翁”的生活哲学。正所谓避世而不疏世，这不仅是中国古人的智慧，也是设计师所追求的设计中的平衡之美。

◎ 设计说明

客厅和茶室充满着禅意隐居之气，一壶清茶，一个下午，或闭目沉思，或远眺群峦叠翠。缓缓入内，便发觉整个室内大量运用金色不锈钢线条、胡桃木质、麻料等材料，使金色、卡其色、黄色成为视觉基调。同时，利用米色家具，红色、蓝色等装饰元素穿插点缀其间，令整个空间在充满中式的古色、天然质感里，显得沉静而脱俗，低调而精致，但同样不乏些许现代硬朗、干练、生动的气息。

二层平面图

1. 卧室
2. 卫生间
3. 阳台

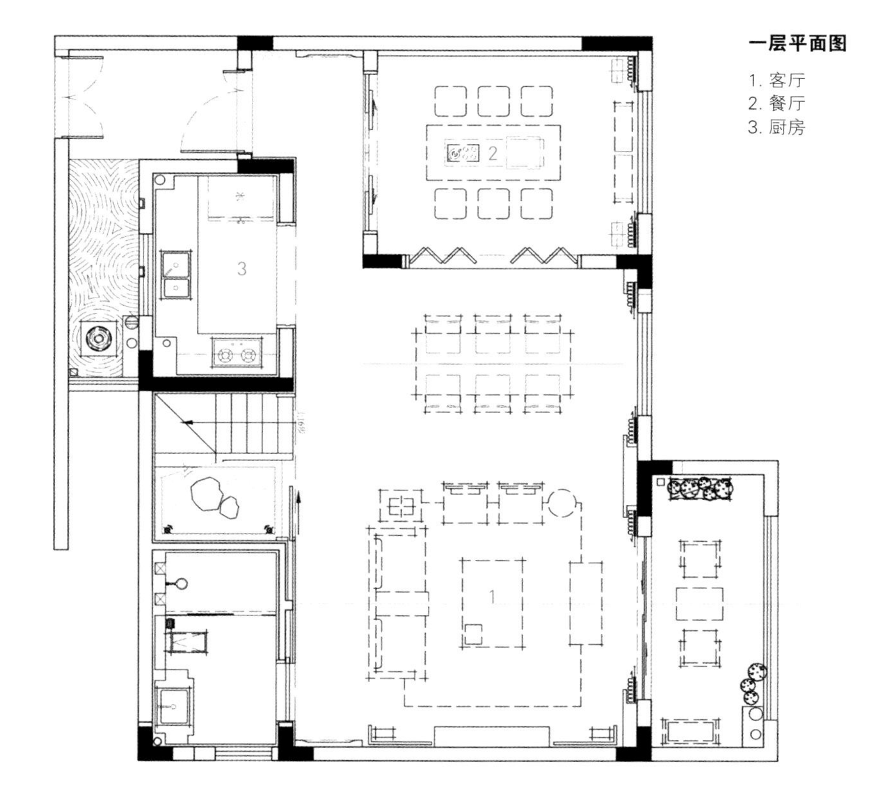

一层平面图

1. 客厅
2. 餐厅
3. 厨房

在卧室的打造上更为匠心独具，主卧以“莲”为主题，陶艺装饰在平衡而和谐的布局里别有一派隐居之气，茶具、手串等摆件无一不体现主人的简美生活情趣。老人房则充满空间诗学，衣柜镜面的山水意境画若隐若现，传达出空灵之美，更符合年迈之人的审美习性。儿童房的设计并没有一味附和潮流，而是同其他空间和谐统一，安静的色彩搭配、棋艺装饰，让孩子保持安静的情绪，同样能够品味幽玄之美，远离都市的喧嚣。

行走在和谐共生里的木之魂

项目名称　皇庭名郡
项目地点　中国，长乐
设计公司　福建品川装饰设计工程有限公司
主创设计　林朵
参与设计　滕旋乾、范爱晶
竣工时间　2015年
项目面积　170平方米
主要材料　黑胡桃实木、大理石、色漆

◎ 灵感来源

“和谐”思想是中国传统哲学的灵魂，不论是儒家还是道家，还是其他思想家，都把追求和谐作为自己的哲学目标。随着中华文化的发展，和谐概念不断获得了丰富的内涵。“和谐”与一切美好的东西紧密相连，如和平、和睦、和气、和善、和美、和乐、祥和、柔和、温和、亲和等，由此“和谐”被视为中国文化的审美理想和至高境界。空间的设计也是一样，家的设计目的是从里到外的，与自然环境和谐共生。其中不可或缺的是遵循自然的力量，让精神得以升华，给人一种低调奢华而宁静平和之感。即使再浮躁的心，来到这里也会得到抚慰，这也就是新中式迷人的地方。越是简单，越是民族，越是低调，才能真正地贴合中国传统文人之精神情趣。

◎ 设计说明

在这个木之魂为主线的设计空间里，以和谐为处理原则，将传统文化元素以植入的方式，在不知不觉中融入这个六口之家，让整个空间处处流露出悠远、宁静的东方韵味。

在细节打造上，不仅利用具有天然质感的麻布与高贵稳重的黑胡桃木相辅相成之余，又利用自然水墨画的大理石与黑胡桃形成冲突之美，点睛之间尽显贵族风范。

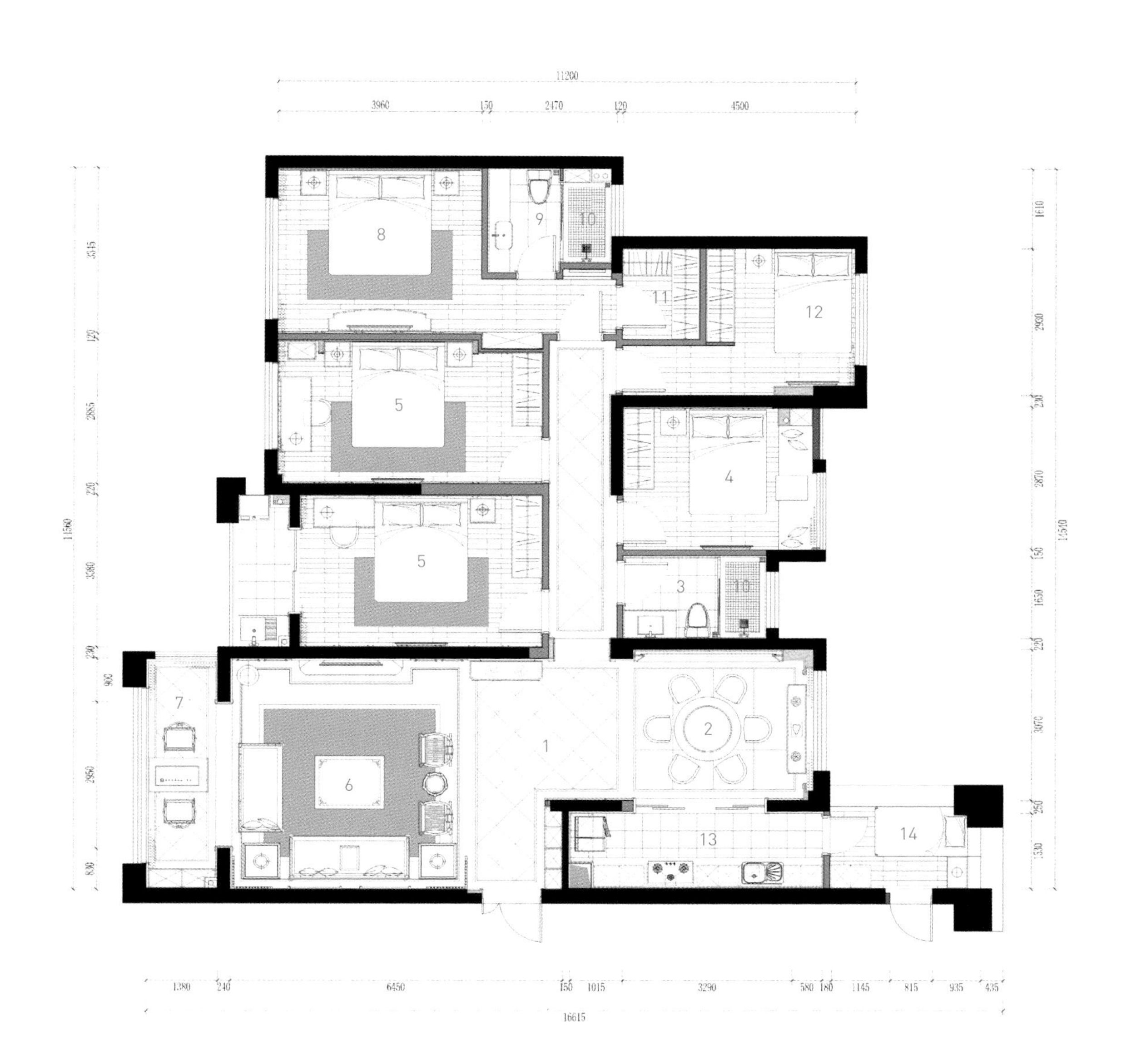

平面图

1. 门厅
2. 餐厅
3. 公卫
4. 老人房
5. 小孩房
6. 客厅
7. 品茶区
8. 主卧室
9. 主卫
10. 淋浴房
11. 衣帽间
12. 客房
13. 厨房
14. 保姆房

在用餐区域，无论是四方的麻布背景墙与圆形山水画卷，还是四方的吊顶与黑胡桃木圆桌，都是为了创造和谐共生、天圆地方的景象。

在这里，本案不仅仅是展示外在的新中式元素，更在于结合内在的心灵诉求，把更深层次的东方气质与内涵表现出来，让六口之家的每一位，在空间与居家上都能获得无与伦比的精致体验。

整体来说，这是一种将东方的文化记忆在不同立面娓娓道来的方式。既不是对古典中式的随意简化，也不是中式元素的简单叠加，而是从传统文化的内涵中挖掘精髓，形式感还保留着传统的印记，以简化了的东方元素突出意境氛围，同时加入更多的现代时尚元素，完美贴合了家居生活中方之规矩，人之本位的中庸之道。

『天然』之心

项目名称　平心别墅
项目地点　中国，成都
设计公司　境壹空间设计
主创设计　靳泰果
参与设计　陈磊
竣工时间　2015年
项目面积　400平方米
主要材料　瓷砖、实木、布艺

◎ 灵感来源

“天人合一”是我国西周时期先哲们对“天”和“人”的关系所持有的一种观点。这种观点认为，人类的思维发展源于自然又得益于自然，它反映了人与自然之间的亲和力以及人对自然的依赖意识，体现的是中国传统哲学最高生态智慧，这种思想不仅是古人的环保意识基础，也是人类文明发展到今天，对自然应有的态度。本案在整个设计中都贯彻了这一思想，从设计理念到选材都以“天人合一”为基础，利用自然，又充分尊重自然。

◎ 设计说明

本案位于成都的牧马山片区，远离城市的喧嚣，自然环境与家融于一体。业主事业有成，对中国文化也极其喜好，这是他三代同堂的居所。在沟通达成一致后，设计师选择了东方的风格方向，除了几张老的椅子和门扇之外。**在设计上并没有采用任何中国古代元素。而是用现代语言来诠释东方的气质。**

在整个设计中，设计师将业主的喜好与风格融合在一起。在平面布置中，满足业主的需求，在满足使用功能的前提下，将空间使用率最大化。**整个设计中，从硬装到软装，选材上都尽量选择环保的材料，以实木为主，保持木材原有的样貌，尽量不破坏木材本身的纹路和肌理。**大部分东西选择定做，少数是现场手工制作，楼梯就是采用现场制作的工艺。

在色彩上，大部分采用了原木色，让木纹的原始形态展现在空间中，让整个空间自然、通透。

在家具和饰品上，软装设计师没有选择非常传统的古代家具，而是从舒适感和款式上着手，选择了新中式家具，这类家具是现在科技与古代经典的结合，面料舒适，并且环保。饰品有石器、木器、干花等都非常凸显中式风格，也非常环保，客厅中装饰的雕花木门是比较传统的中式风格，虽然在整个空间少有非常传统的色彩和家具，但是雕花木门放在整个空间中没有显得突兀和难看，反而增加了整个空间的层次感，多了一些看点，也起了一种隔断的作用，隐隐约约的雕花，更有一种犹抱琵琶半遮面的感觉。

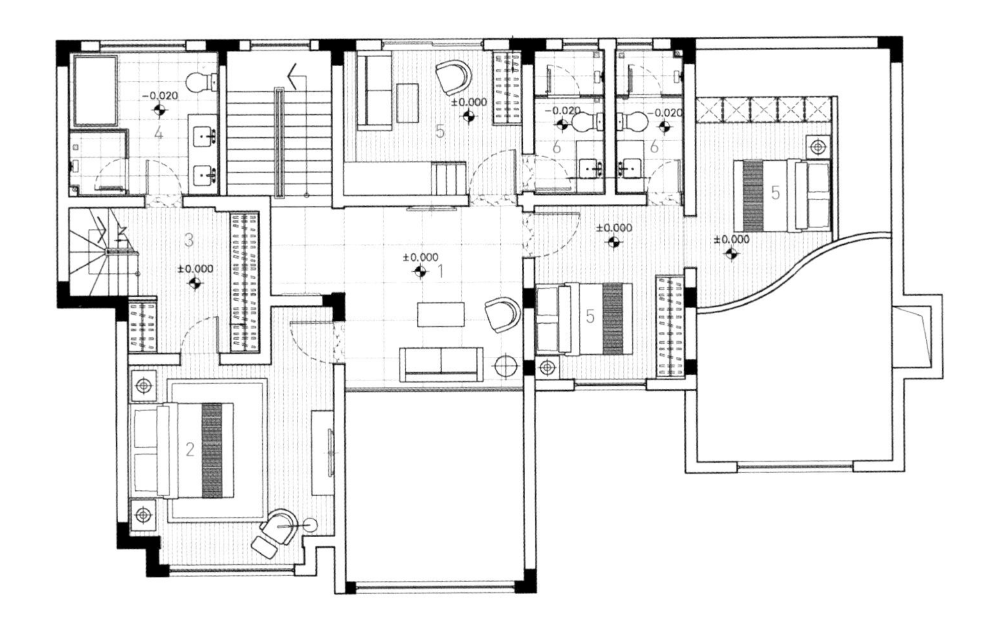

二层平面图

1. 过厅
2. 主卧
3. 衣帽间
4. 主卫
5. 次卧
6. 次卫

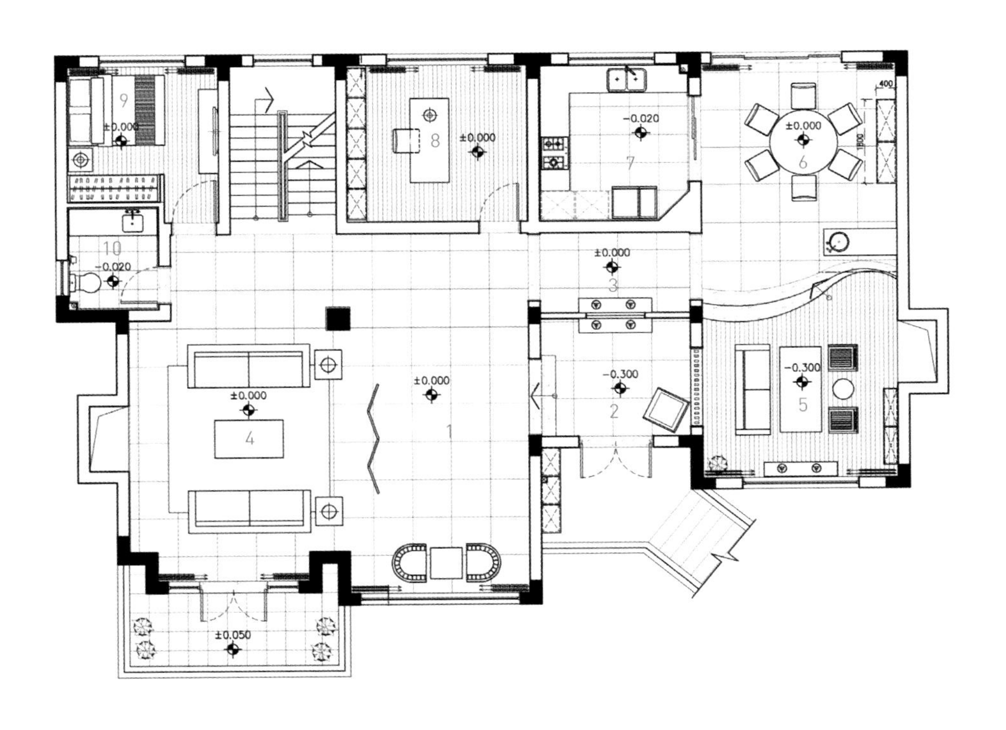

一层平面图

1. 过厅
2. 入户
3. 过道
4. 会客厅
5. 茶室
6. 餐厅
7. 厨房
8. 书房
9. 客房
10. 卫生间

【索　引】

M

铭洋建筑装饰设计事务所

美迪赵益平设计事务所

S

深圳埂上设计事务所

深圳昊泽空间设计有限公司

深圳朗联设计顾问有限公司

深圳市品伊设计顾问有限公司

深圳希遇装饰设计有限公司

水平线空间设计有限公司

硕瀚创研

T

台湾大易国际设计事业有限公司

X

徐宜庆高端设计机构

Z

赵牧桓室内设计研究室

图书在版编目（CIP）数据

中国风格 / 郭准编 . — 沈阳 : 辽宁科学技术出版社 , 2018.4
ISBN 978-7-5591-0454-0

Ⅰ . ①中… Ⅱ . ①郭… Ⅲ . ①室内装饰设计－图集
Ⅳ . ① TU238.2-64

中国版本图书馆 CIP 数据核字 (2017) 第 265805 号

出版发行：辽宁科学技术出版社
（地址：沈阳市和平区十一纬路 25 号 邮编：110003）
印 刷 者：鹤山雅图仕印刷有限公司
经 销 者：各地新华书店
幅面尺寸：215mm×285mm
印　　张：16.5
插　　页：4
字　　数：200 千字
出版时间：2018 年 4 月第 1 版
印刷时间：2018 年 4 月第 1 次印刷
责任编辑：马竹音
封面设计：周　洁
版式设计：周　洁
责任校对：周　文

书　　号：ISBN 978-7-5591-0454-0
定　　价：288.00 元

联系电话：024-23280367
E-mail: 1207014086@qq.com
邮购热线：024-23284502
http://www.lnkj.com.cn